DISINFORMATION

偽情報戦争

あなたの頭の中で起こる戦い

小泉悠
桒原響子
小宮山功一朗

DISINFORMATION

Koizumi Yu
Kuwahara Kyoko
Komiyama Koichiro

風が吹いた　猫が鳴いた　大事件だそうで
全部拾って　拡散して　お祭り騒ぎ

——パスピエ『永すぎた春』

はじめに――桒原響子

新型コロナウイルスとロシアのウクライナ侵攻、超大型津波ともいうべき二つの大事件が世界を襲ったが、このいずれの事態においても、偽情報（ディスインフォメーション）の発信と拡散が大きな関心を集めた。

新型コロナウイルスに関して見ると、「ワクチン接種が不妊につながる」というSNSでの投稿が世界中で拡散し、大きな反響を呼んだ。ほかにも、ウイルスを殺すためにお湯を飲むといい、漂白剤や塩素を飲むといい、アルコールに効果がある、といった偽情報が世界中で拡散し、多くの人の生命を危険にさらした。

ロシアのウクライナ侵攻についても、侵攻直後に「ゼレンスキー大統領が、武器を置いて避難を呼びかけた」という情報がSNSで流されたが、大統領自身が自撮りで「私はここにいる。国を守る」と国民に訴えかけるなど、SNSの活用と偽情報の発信が戦争の行方にも影響を与えるほどの状況となっている。

実際、偽情報を流布する行為（ディスインフォメーション・キャンペーン）は、武力を伴わない国家間闘争の一形態として認識されてきている。この場合の主たる戦場は、我々一人ひとりの「認知」領域、つまり、脳である。アクターは、国家や組織、個人などさまざまだ。偽情報が「兵器化」されれば、社会や政治の混乱はもちろん、国家間対立の行方も変わってくる。

ロシアは、偽情報の発信や情報戦を駆使してきた。2016年の米国大統領選挙においては積極的かつ組織的にソーシャルメディアなどを駆使し選挙を操作したことで知られている。ウクライナ侵攻においても、ソーシャルメディアや伝統的メディアを通じて偽情報を拡散させ、「ウクライナが親ロシア住民を大量虐殺している」「ウクライナの非ナチ化」といった情報戦を展開してきたが、今次ウクライナ侵攻においては、すぐに嘘と見分けられる偽情報も多く、情報戦においても質の低下が顕著であり、西側諸国では、「ロシア悪」「ウクライナ善」「ウクライナを支持せよ」というナラティブ（語り）が席巻した。

人間の認知は、間違いなく現在、そして遠くない将来、国家間闘争において重要な要素を占めることとなり、認知領域が、国家の安全保障上の一つの焦点となると見られている。しかし日本においては、偽情報に対する脅威認識が世界の主要国と比較して著しく低いのが現状である。それは、日本がこれまで海外からの偽情報の深刻な被害にあってこなかったことにほかならない。

また、日本が、国際世論への働きかけという情報発信戦略においても遅れをとってきたことは否めない。日本において国際世論に対する情報発信戦略の重要性が認識され始めたのは2012年12月に発足した第二次安倍政権下であった。当時、中国や韓国との領土・主権および歴史認識をめぐって対立が激化しており、中国や韓国は、米国などの国際社会において活発な広報活動や反日ロビー活動など日本批判を展開しており、かなりの成果を収めていた。２０１０年以降、全米各地で慰安婦碑・像の設置の動きが加速し、現地の高校の世界史教科書では旧日本軍が慰安婦を強制連行したとする記述や東海併記をめぐる問題が浮上してきていた。このような状況を、安倍政権は深刻な危機と捉え、「主張する外交」をキーワードに掲げ、対外広報などで積極的に打って出る外交政策を重要視するようになった。しかし、日本の情報発信は、中国や韓国などによる宣伝合戦に対し、「訂正」「反論」「申し入れ」という形で対抗していたこともあり、米国などで芳しい成果を上げずに終わってしまう事例が相次いだ。［詳細は、桒原響子『なぜ日本の「正しさ」は世界に伝わらないのか：日中韓 熾烈なイメージ戦』ウェッジ、２０２０年を参照されたい］。

このような反省などから、日本政府はインターネットなどを通じた積極的な情報発信に力を注ぐようになり、ユーチューブでの英語動画配信にも力を入れてきている。しかし、ソーシャルメディア時代において、情報戦略が外交・安全保障上重要な鍵を握っているという認識が日本で十分に高まっているとは言い切れない。日本では、海外からの偽情報を常に監視し、それに対処し、訂正の情報を流す役割を担う政府組織が存在しない。偽情報への対処をめぐっては、防衛省、外務省、総務省などが別々に対処しており、関係組織間の連携や役割の調整などができていないのが実情であり、欧米諸国や近隣の台湾などと比較しても相当に遅れをとっている。認知領域に対する攻撃に、いかにして日本が市民の生活や生命を守り、民主主義を堅持しつつ、偽情報を防御し、諸外国世論を味方につけるのか。そのための情報戦略を強化していく必要がある。

　本書は、認知領域における身近な脅威としての偽情報について、若手専門家3名による立体的考察を試みている。今後日本に必要となる対策を検討する上で、海外の事例をはじめ、サイバー空間の利用がもたらす弊害、民主主義との関わり、政府やプラットフォーマー・民間団体・市民社会・個人が果たすべき役割、規制のあり方など、多角的視点からの議論が重要となる。本書が世界各地で展開される偽情報の恐ろしさを理解し、偽情報を見分けつつ、情報戦を有効に展開することがいかに重要かを認識する手助けとなり、今後、日本においてディスインフォメーション対策と効果的な情報戦略が進展することを願っている。

『偽情報戦争』目次

第2章　中国の情報戦
——その強硬姿勢と世界の反応　桒原響子

第3章

ロシアの情報作戦
——陰謀論的世界観を支える理論

小泉悠

第4章 ポスト「2016」の世界
――ロシア・ウクライナ戦争までの情報戦の成功と失敗
小泉悠／桒原響子

第5章 情報操作とそのインフラ
——戦時の情報通信ネットワークをめぐる戦い

小宮山功一朗

物理インフラに必要なのはセキュリティではなくレジリエンス

第6章 民主主義の危機をもたらすサイバー空間
――「救世主」から「危機の要因」へ

小宮山功一朗

第1章
外交と偽情報
――ディスインフォメーションという脅威

桒原響子

脅威となる偽情報

複雑化する世論形成手段

情報の持つ力がかつてないほど大きな力を発揮する時代になった。

情報通信技術（ＩＣＴ）の飛躍的発展に伴い、情報は、新聞、テレビ、ラジオなどの伝統的メディアに限らず、動画配信サービス、ＳＮＳ、ネット掲示板、インターネットテレビなど、より多様なコミュニケーションツールを介して即時に発信される時代となった。また、情報が視聴者や購読者に対して一方的に伝達される時代ではなく、ＳＮＳのように双方向でのコミュニケーションを可能にする時代ともなった。加えて、誰もが主役となり、自らの発言や共有したい情報を、いつでもどこでも世界中に瞬時に発信できるようになった。そのため、国家間関係においても、伝統的な政府対政府の外交ではなく、相手国の世論に直接働きかけるパブリック・ディプロマシーやソフトパワー外交といった外交手段が、国際世論づくりにおいてより重要視されるようになってきている。

特に２０２０年初頭より世界的に蔓延した新型コロナウイルス感染症は、外交における情報発信の重要性をより強調する出来事となった。ウイルスの世界的蔓延の影響で、対面での交流事業が妨げられ、政策広報としての情報発信の重要性が格段に高まった。日本政府もパンデミックを機に、外交の一環としてユーチューブ動画の配信により一層の努力を払うようになっている。

オンラインでの情報発信は、利便性が高い一方、危険も多い。デマや誤報、時には意図的に作成された情報が拡散力の強いＳＮＳなどを通じて発信されれば、多くの人々が混乱に陥る可能性があり、結果として、政情不安につながる恐れもある。こうした事実と異なる情報は、外交や戦場でも多用され、より広範囲に流布するようになっている。ロシアによる２０１４年および２０２２年のウクライナ侵攻に代表されるような戦場では、軍事的手段に加え、情報戦などの非軍事的手段を組み合わせた「ハイブリッド戦」の手法がとられるようになっている。情報は、戦争を自らに有利に進めるための一つのツールでもあるのだ。

しかし、情報発信が持つ危険性について、日本は欧米諸国と比較して鈍感である。事実と異なる情報が人々の安全や生命にいかに深刻な影響を及ぼすかについての日本の認識は低い。諸外国が意図的に発信する宣伝工作に対して警戒心が薄く、そうした情報発信に対する具体的な対応が到底十分とは言えない状況にある。技術的にも、偽情報の拡散を事前に食い止める方法が確立されていないことから、対策面での課題は山積している。

また、日本の外交・安全保障における「対外発信」や「情報発信」に対する認識も、他国と比べ手緩さがあることは否めない。特に外交面では、国際社会からの対日信頼度や対日好感度の高さや、伝統文化やポップカルチャーなどの現代文化といった日本のソフトパワーを過信する側面があり、ソフトパワーを中心とした政府広報や文化交流、人物交流事業に終始する傾向にある。そのため、「対外発信」ないし「情報発信」において安全保障の要素が不十分であり、発信の方法や内容にも柔軟性があるとは言い難く、国際的な動きに対応しきれていないのが現状である。

これからの時代、情報がいかなる力を持ち、我々の社会にいかなる影響を及ぼしうるのかを予測しておくことは、安全保障上の課題を検討するうえでも不可欠であり、日本の対外発信のあり方を検討するうえで重要な作業となろう。本章では、まず、情報がどのようにして組織や個人の意思決定に影響を与えるかを理論的に確認したうえで、次に、国家が他国の政府や世論に対して情報を用いて影響を及ぼそうとする活動や戦略について、外交・安全保障の観点から見ていく。その中で、特に、新型コロナウイルス感染症の蔓延以降世界的な注目を集めている「ディスインフォメーション（偽情報）」に焦点を当て、その脅威や国内外で生起している弊害や対立の様相、実際の対応策について確認し、その問題点や課題について検討していく。

情報はこうして拡散する

ディスインフォメーション（偽情報）とは、政治的・経済的利益を得ること、または意図的に大衆を欺くことを目的として作成された虚偽または誤解を招く情報をいう。ディスインフォメーションは、企業や公衆衛生に重大な悪影響を及ぼすだけでなく、政府や伝統的メディアに対する市民の信頼を損ない、市民が十分な情報に基づいた意思決定を行う能力を阻害し、過激な思想や活動を助長する可能性があるため、健全な民主主義への脅威でもあるのだ。

ディスインフォメーションは、ソーシャルメディアの登場と社会への浸透によって、現在では格段に速く、遠くまで流布し、広範囲に拡散されるようになった。これにより、大きな混乱を招く事態が世界中で相次いでいる。米国では、２０１７年に誕生したドナルド・トランプ前大統領が、真偽不明の根拠であっても、ツイッターのつぶやき一つで世界を翻弄する「ツイプロマシー」を展開した。２０２０年の米国大統領選挙では、ＳＮＳを介してさまざまなデマやディスインフォメーションが広まり、「大統領選挙は盗まれた」との大合唱は米国社会の分断を促した。また、新型コロナウイルスの発生源をめぐって米中が互いを激しく非難し合った。欧州でも、誤った情報を意図的に発信することを含んだ影響工作が選挙介入やデモの助長などの政情不安につながると問題視されるようになり、２０２０年６月、欧州委員会はウイルスに関するディスインフォメーションを拡散し欧州の民主主義を弱体化させたとして、中国やロシアを名指しし非難する報告書を発表した。

一般に民主主義社会とは、国民が多様な主張を含む国内外の情報にアクセスし、自らの意思を表現・表明でき、自由で公正な国政に関与することを認める社会を指しており、情報へのアクセスでは、伝統的にメディアの役割が重視されてきた。メディアは、国民が社会に参加するための情報を提供する上で重要な役割を果たしてきており、憲法21条の保障のもとにある報道の自由が、民主主義の中核的価値観の一つでもある所以である。そのため、市民、メディア、政府の意思形成や議題設定には、情報の流れが正常に機能していることが重要だ。各アクターの意思形成および議題設定過程のうち、いずれかの過程に内外から何らかのダメージ（例：情報の流れが遮断される、ディスインフォメーションが拡散される、世論操作が行われるなど）が加われば、世論が疑心暗鬼になり、政情不安につながる可能性が高くなる。

そもそも、情報はどのように社会に拡散するのか。なぜ誤った情報、そして虚偽の情報が拡散するのか。これらを人間の情報行動として確認しておきたい。

ステップ1：受け手の環境

情報の価値は、受け手の居る「環境」、つまりの受け手の持つ社会的、文化的、歴史的コンテクストに依存する。これにより、情報の受け手が受け取った情報の正否を認識する。

ステップ2：情報の拡散

情報は、一般市民や政府、企業といったアクターによって発信され、情報の受け手の個人的あるいは社会的ネットワークを介して拡散されていく。災害など緊急性の高い場合は国内外のソーシャルグループを経由して瞬時に拡散されるが、影響力の低い情報や受け手が「つまらない」と判断する情報はゆっくりとした速度で拡散される場合もあれば、情報の関連性や価値などが変動するため相当な時間を要して拡散される場合もある。フェイスブックやツイッターなどのSNSは、情報拡散をより容易かつ迅速にすることを可能にしている。

ステップ3：欺瞞

情報の中には欺瞞も含まれる。欺瞞する側は、個人的または社会的動機に基づいて情報を偽り、悪意のある目的（例：同僚が金銭を横領していると示唆する）ないし善意の目標（例：友人のサプライズパーティーを計画する）のために情報を拡散する。さらに、偽情報を作りそれを拡散する者にとっての経済的誘因も関係してくる。受け手が情報の正誤や発信者の欺瞞を見分けるには、その文脈や相手の人間関係を理解していなければならない。

ステップ4：情報の判断

情報の発信者の意図にかかわらず、情報の受け手は情報が信頼できるかを判断する。そのために、情報に信憑性があるかどうかの手がかり（例：フィッシングメールでは、信憑性のあるドメイン名やロゴ、フォント、住所などが用いられる）と欺瞞かどうかの手がかり（例：メールの文法や言い回し、偽のURLの有無）を探す。しかし、ステップ1で見たように、受け手の解釈は、自らを取り巻く社会的、歴史的、文化的環境に大きく依存し、受け手には自分が既に得ている知識に合致する情報を信じやすいという確証バイアスがあるため、ディスインフォメーションに気づきその影響を未然に防ぐことができるとは限らない。また、受け手は、繰り返し同じ情報に接するとそれが嘘でも真実であると信じやすくなる。一方、嘘の情報を信じている人に訂正の情報を伝えることは、嘘の情報の流れを食い止めるために一定の効果がある。

ステップ5：情報の使用

情報の受け手が自らの情報リテラシーに基づいて判断した情報は、市民の意思形成や政府の議題設定に使用される。その中では、情報の発信者は自らの利益のためにディスインフォメーションを使用することができ、情報の受け手も、状況に応じてディスインフォメーションを利用することができる。また、はじめは正確な情報も、情勢とともにコンテクストが変化すれば途中でミスインフォメーション（誤報）やディスインフォメーションに変化することもありうる（例：災害時の「#救助要請」ツイートが、投稿者が救助された後もリツイートされ続ける）。

以上から、情報の正誤は、情報の発信者の目的はもとより、受け手の情報リテラシーに大きく依存することがわかる。つまり、情報リテラシーは、受け手の社会的、歴史的、文化的環境をもとに形成されるものであるから、初等教育や中等教育などで情報を批判的に見る力、そして真偽を見分けるために思慮深く考える力を養っておく努力が必要となるという見方もできる。民主主義社会では、適切な情報や情報の流れが、健全な世論の意思形成および政府の議題設定に不可欠であり、それを支えるのが情報リテラシーでもある。

同時に重要なことは、ディスインフォメーションの流布は未然に防ぐことはできないが、信じている人に訂正の情報を与えることはディスインフォメーションの影響を小さくすることにつながるということである。

世論形成のための外交・安全保障手段と定義

ここからは、外交・安全保障分野における世論形成手段にはいかなるものがあるのかを見ていきたい。表1は、外交・安全保障の分野で世論形成に用いられるさまざまな手段とその定義である。なお、これらの手段はいずれも歴史上の戦争や外交において用いられてきた手段であるが、定義が確立されていないものや、国や地域、研究者などによって解釈が異なるものもある。表1では、よく使われる定義を取りまとめるなどし、筆者自身が簡略化を試みている。

表1●外交・安全保障における世論形成手段

戦略・手段	意味
パブリック・ディプロマシー (Public Diplomacy)	自らの国益に資するべく、相手国世論に直接働きかけ、自国のイメージやプレゼンスを向上させる。公共外交や広報外交などともいわれる(外務省は広報文化外交としている)。透明性があり、相手を魅了するための外交手段とされる。実行形態として①Listening(傾聴)、②Advocacy(立場の主張)、③Cultural Diplomacy(文化外交)、④Exchange Diplomacy(交流外交)、⑤International Broadcasting(国際放送)に区分されることが多い。
プロパガンダ (Propaganda)	不特定多数の大衆を一定の方向に導き、行動を起こさせるため、社会心理的な手法で特定の考え方や価値観を植え付ける組織的な活動。
影響工作 (Influence Operation)	平時から有事、そして紛争後に、相手国世論の意見や態度を自らの国益と目的を促進させる方向に醸成するため、外交、軍事、経済、サイバー、情報、その他の能力を統合・連携させ適用すること。
戦略的コミュニケーション (Strategic Communication)	国家目標を推進するために、協調的行動、メッセージ、イメージ、その他の形態のシグナリングまたはエンゲージメントによって、特定の聴衆に情報発信し、影響を与え、説得しようとすること。単なる広報活動や情報操作、世論操作と異なる。
情報作戦 (Information Operations)	電子戦、コンピュータ・ネットワーク作戦、心理作戦、オペレーション・セキュリティ、欺瞞作戦の中核的能力を、特定の支援・関連能力と連携して統合的に活用し、敵対する人間や自動意思決定に影響を与え、混乱させ、あるいは簒奪し、同時に自国の意思決定を保護する作戦。米国防総省が行う作戦との解釈もされる。
情報戦 (Information Warfare)	自国の情報空間をコントロールし、自国の情報へのアクセスを防護しながら、相手の情報を取得・利用し、情報システムを破壊し、情報の流れを混乱させることで相手に対して優位に立つ作戦。一方、中国の指す情報戦は平時の影響工作や心理戦など幅広く含まれるとの解釈もされる。
ディスインフォメーション・キャンペーン (Disinformation Campaigns)	経済的・政治的目的を達成するため、意図的に世論を欺くために作り出されたディスインフォメーション(偽情報)を拡散し、公共に害を与える活動。民主的な政治や政策決定に対する脅威につながる。
認知戦 (Cognitive Warfare)	ターゲットとなる国民、組織、国家を干渉または不安定化させることを目的とし、ターゲットの考え方や選択に影響を与え、意思決定の自律性を弱体化させるために用いられる作戦。認知戦に係る活動は軍事に限らず政治、経済、文化、社会など人々の日常生活全体に適用される。ディスインフォメーションも用いられる。
ハイブリッド戦 (Hybrid Warfare)	国家および非国家の在来型手段と非在来型手段の相互作用や融合を伴う戦争。戦争と平時の境界線が不明瞭になるといった特徴を持つ。
三戦 (Three Warfares)	世論戦、心理戦、法律戦を指し、軍事的および経済的手段であるハードパワーを用いることなく敵を弱体化させる戦術。2003年に中国人民解放軍政治工作条例に記載された。
シャープパワー (Sharp Power)	権威主義国家が強制や情報の歪曲、世論操作などの強引な手段を用い、主に民主主義国家の政治環境や情報環境を「刺す」「穿孔する」ことで、自国の方針をのませようとする力。

これらは明確な定義付けがなされていないものや、国によって解釈が異なるもの、内容が重複しているもの、また混同して使用される場合もあることから、各手段の線引きや区分が難しい。例えば、パブリック・ディプロマシーはプロパガンダとある意味では表裏一体の考え方である。さらに、パブリック・ディプロマシーと戦略的コミュニケーションには共通する点が多く、混同されて用いられることもある。ランド研究所のクリストファー・ポールは、情報作戦、戦略的コミュニケーションおよびパブリック・ディプロマシーの三つの関係について、次のように概念化している。

まず、情報作戦と戦略的コミュニケーションは、目的とアプローチが大きく重なるものの、情報作戦は米国防総省の活動であるため同省の活動である戦略的コミュニケーションの中に組み込まれる。つまり、情報作戦は戦略的コミュニケーションに内包されるという考え方である（図1参照）。

一方、戦略的コミュニケーションとパブリック・ディプロマシーの関係はもっと不明瞭で、両者はかなりの重複があるが同義ではない。パブリック・ディプロマシーは、狭義には政府の関与、アウトリーチ、（国際）放送に焦点を当てた一連の活動を指し、一方の戦略的コミュニケーションは、これらすべてに加え、情報作戦のような能力そして政策や行動といったコミュニケーション的価値も含む。しかし、パブリック・ディプロマシーは、戦略的コミュニケーションに完全に内包されるものではない。パブリック・ディプロマシーの中には、現在

図1●戦略的コミュニケーション、パブリック・ディプロマシーおよび情報作戦の関係
（Paul, 2011年）

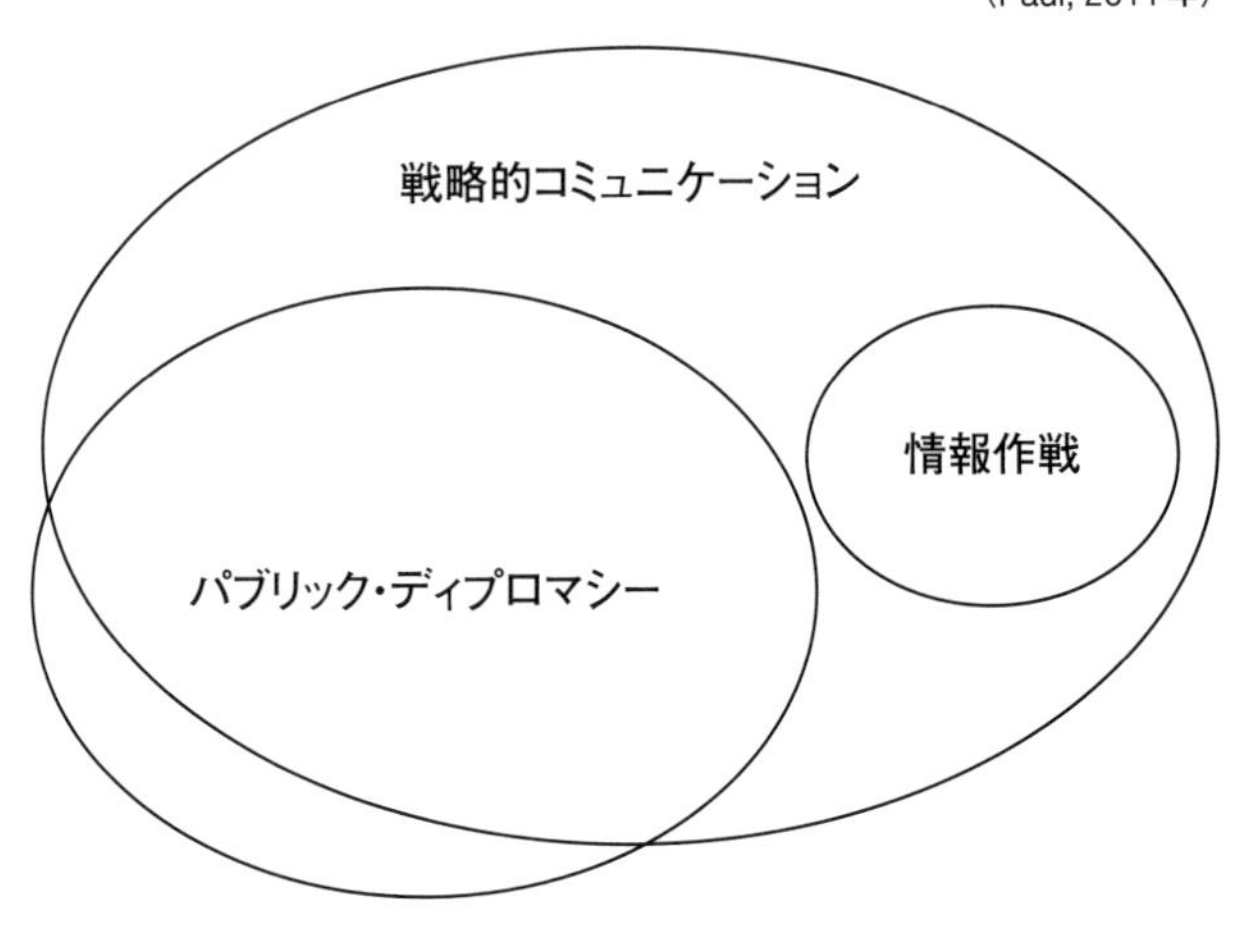

の国家政策目標と関係のない取り組み（例えば海外の聴衆との関係構築、聴衆の理解や関与の促進など）も存在している。一方の戦略的コミュニケーションは、国家の政策目標を支援するために活用できる要素のみを含む取り組みであるためだ（図1参照）。

また、認知戦はしばしば情報戦と混同して用いられることがあるが、情報戦は情報の流れを制御することを目的としている一方、認知戦は個人の考え方を変えることを目的としている点で異なる。プロパガンダも認知戦と混同されやすいが、プロパガンダの目的は、人々の心をプログラムすることではなく、人々を特定の思想に誘導し、態度や行動に影響を与えることである。

NATOイノベーション・ハブは、認知戦と人間の脳との関係について指摘している。

人間には確証バイアスなどを含む認知バイアス、つまり、物事の判断が感情や先入観によって非合理的になるという心理現象が備わっており、認知戦では、自己のこうしたバイアスについて認識するだけでなく、敵のバイアスを研究し、敵の行動や相互作用を理解することが重要というのだ。先述の情報の社会への拡散の仕方のうち、ステップ４に示したように、自分にとって都合の良い情報ばかりを集めてしまう確証バイアスが個人の情報価値判断の一つの原因になることからも、認知戦はディスインフォメーションとの親和性も高いと言える。

このように、手段によって、さまざまな解釈や活動内容に重複があるもの、互いに親和性の高いものがある中で、これらすべてに共通して言えることは、いずれも自らの国益のために望ましい外部環境を構築することを目的としており、その過程で海外の世論に①情報を与え（より短期的）、②影響を及ぼす（より中長期的。説得などの努力を要する）ものであるということだろう。そこに、③操作や欺瞞の意図が存在するか否かが、透明性のある手段と悪意のある手段を区別する一つの指標となりうる。例えば、戦略的コミュニケーションには①②は当てはまるが、③は含まれない。他方、ディスインフォメーション・キャンペーンは相手国社会の分断や政治体制の弱体化などのダメージを与えることを目的としていることから、③の要素を含むため、悪意のある手段であると言える。また、プロパガンダや影響工作は、戦闘の一部として認知領域を意図的に操作し、相手国の望まない結果を生み出す可能性もあるため、ネガティブな表現で用いられることが多い。第二次世界大戦下の米国で、１９４１年７月に当時のフランクリン・ルーズベルト大統領が課報・プロパガンダ機関として設置した戦時情報局（OWI）が行っていたホワイト・プロパガンダのように、事実に基づく公然情報を扱うものや、パブリック・ディプロマシーのように世論の好感度や信頼度を向上させるためにソフトパワーなどが用いられるものは、悪意のある手段とは区分できない。しかし、シャープパワーのように、受け手の価値観や政治判断によっては、悪意のある行為だと解釈されるものもある。一例として、中国のパブリック・ディプロマシーの一部として用いられてきた孔子学院を通じた言語教育や文化交流が、米国などでシャープパワーであるとみなされ、相次いで閉鎖された。

これまで見てきた外交・安全保障分野における世論形成手段の定義を小括すると、手段の対象（国・集団・個人など）が、操作や欺瞞の「被害者」となるのか、与えられる情報や説得の「聴衆」となるのかによって、いずれの手段が行使されているかが特定ないし認識されると言えよう。その際、対象が「被害者」であれ「聴衆」であれ、対象の判断には、対象の価値観や経験などが大きく関わるとも言える。

世界中で増加する偽情報

外交・安全保障に限らず、市民生活など、我々の身近な問題として大きな注目を集めているものに、ディスインフォメーションがある。ディスインフォメーション（disinformation）は、日本語は「偽情報」や「虚偽情報」などとされる。特に新型コロナウイルス感染症の拡大を機に世界中にウイルスやワクチンに関するディスインフォメーションが拡散され、世界的にディスインフォメーションの危険性が認知されるようになった。フェイクニュース（Fake News）という言葉もあるが、フェイクニュースは意図的に作成された情報や誤報、扇情的な情報などを含め、ニュースを模倣した情報を指す。米国のトランプ大統領（当時）は、任期中に自らが嘘だとみなした報道を「フェイクニュース」だと非難した。フェイクニュースは、ディスインフォメーションとほとんど同義で用いられることもあるが、英語圏の研究やメディアの報道などではより明確にするためにディスインフォメーションという言葉が多く用いられる。

国内外のさまざまなアクターがディスインフォメーションを拡散することで、相手国世論を歪曲し、社会を混乱させ、政府の政策決定過程に対し影響を与える活動を、ディスインフォメーション・キャンペーンという。武力行使の前段階などにハイブリッド戦の一部としても用いられ、国家の安全保障に深刻な影響を及ぼしうるものである。この関係では、ロシアの組織的なキャンペーンがよく知られるところだ。2014年のウクライナ侵攻では、ロシアはさまざまな情報戦を含むハイブリッド戦を展開し、クリミアや東部ドンバスに介入した。2016年の米大統領選挙では、有権者向けにディスインフォメーションを拡散したほか、クリントン候補を不利にするため民主党のアカウントへの不正侵入および電子メールをリークするなどして選挙介入した疑惑がもたれた。

海外からのディスインフォメーション・キャンペーンは、米国だけでなく、欧州でも増加傾向にある。例えば2017年には、スペインからのカタルーニャ州の独立の是非を問う住民投票が実施されたが、住民投票までの数日間、ロシアがスペインに対しネガティブな認識を広めスペイン国内の結束を乱すために、ディスインフォメーション・キャンペーンを行っていたとされている。EUの欧州対外行動庁（EEAS）内に設置されている戦略的コミュニケーション・タスクフォース（East StratCom Task Force）によれば、2016年時点で年間に約1000件のディスインフォメーションを特定しており、そのうち15%がEUを標的としたロシア発のものだったと結論付けている。

2021年初頭には、米国ワシントンの議会襲撃事件に際し、ディスインフォメーションや過激思想が拡散され、政治や社会に混乱がもたらされた。2020年の大統領選挙結果について、「トランプ大統領が勝利したのに、不正に結果を盗まれた」とするディスインフォメーションが拡散し、トランプ支持者などの怒りを焚き付け、議会襲撃につながったとして問題となった。

また、2020年初頭より始まった新型コロナウイルス感染症の世界的蔓延に関しては、「ワクチンは健康に有害だ」といった科学的な根拠のない情報が世界に流されたが、こうした情報の拡散は、各国による感染症拡大阻止の努力を妨害し、結果として世界中の市民の生命や生活を脅かしているとして世界的な注目を集めた。

さらに2022年2月24日より始まったロシアによるウクライナ侵攻に際し、ロシアは自らの行動を正当化するさまざまなディスインフォメーション・キャンペーンを展開していた。2021年7月には、プーチン大統領がロシアとウクライナの「歴史的一体性」について強調したが、これもロシアの情報戦の一環であるとして注目を集めた。ロシアの情報戦については第4章で詳述したい。

日本は偽情報の脅威に晒されにくい？

国内発のフェイクニュース対策にとどまる日本

日本は、欧米諸国と比較し、海外からのディスインフォメーション・キャンペーンが国内で深刻な影響を及ぼした経験に乏しい。そのため、ディスインフォメーションに対する脅威認識には欧米などと大きな温度差があり、政府による確固たる対策も確立されていない。

もっとも、これまで日本国内ではデマなどが拡散され大きな問題となってきた。特に、世界有数の災害大国である日本では、災害時にデマが拡散されやすく、それがもたらす社会の混乱も大きかった。2011年の東日本大震災では、コスモ石油千葉製油所のガスタンク爆発事故をきっかけに「有害物質を含んだ黒い雨が降る」、被災地で「外国人犯罪が横行している」、埼玉県の水道水が「放射性物質で汚染されている、危険、飲むな」といったデマが、2016年の熊本地震では「動物園からライオンが逃げた」といったデマが、チェーンメールやインターネット、SNSを介して被災地を中心に拡散した。また、2020年初頭には、国内で新型コロナウイルス感染症が蔓延し始めた際、マスクと同じ原料が使用されているなどとしてトイレットペーパーやティッシュペーパーが品薄になるとの情報が拡散し、店頭からそれらがなくなる事態となった。また、納豆を食べるとウイルスに効果があるなどとして、納豆がスーパーで品薄状態に陥った。２０２０年3月末には、「4月1日から東京がロックダウンされる」「明日にも安倍総理の緊急記者会見がある」「テレビ関係者の情報」といった情報がＬＩＮＥなどで大量に出回った。この東京ロックダウン説は事実無根であり、菅官房長官（当時）が会見で否定したことで混乱が沈静化した。小池百合子東京都知事が3月末に行った会見でロックダウンなどの強力な措置をとらざるを得ない状況について示唆したことをきっかけに、ロックダウン説がソーシャルメディアなどを介して短期間のうちに広範囲に拡散したようだ。関連の情報は、小池都知事の会見から1週間で、ツイッター上で累計６００万件にも上ったと言われる。

しかし、災害時に広がるこうした情報は政治的・経済的利益が目的でない場合が多く、ディスインフォメーション・キャンペーンと性質を異にするため、単に「デマ」や「災害デマ」と称されるに止まる。熊本地震の際にＳＮＳ上で拡散した「動物園からライオンが逃げた」というデマに関しては、神奈川県に住んでいた会社員の男性（当時20歳）が、熊本市動植物園の職員の業務を妨害したとして熊本県警に逮捕されており、動機を「悪ふざけだった」と供述した。

日本では、総務省がこうした国内の「フェイクニュース対策」（ディスインフォメーションは、日本では「フェイクニュース」と呼ばれることが一般的である）などへの検討において中核的立場を担ってきており、2018年には、プラットフォーム事業者の利用者情報の適切な取り扱いなどについて検討する「プラットフォームサービスに関する研究会」を立ち上げるなどの取り組みを開始した。しかし、これらは主として国内発のデマなどが中心で、海外からのディスインフォメーション流布を含む影響工作の脅威への対策を念頭に置いたものとなっていない。さらにその最終報告書では、対策のあり方として、政府は表現の自由に配慮しつつ、民間部門による自主的な取り組みを基本とした対策を進めることが適当とされており、法整備を行うなど、政府がディスインフォメーション対策を主導する姿勢は確認できない。

日本が海外からのディスインフォメーション・キャンペーンの影響を受けにくいとされる理由はさまざまだ。日本語の特殊性が言語的障壁となっていることや、欧米と比較して社会や組織が閉鎖的であること、日本国内の伝統的メディアの支配力とそれを背景として外国メディアのプレゼンスが低いこと、さらには日本人の多くが中国の影響力に疑念を抱いているといったことなどが、国内外の専門家によって指摘されている。

偽情報の真の問題

ディスインフォメーションが問題になるのは、それが民主主義の根幹を揺るがし、国家の安全を脅かすからだ。民主主義社会では、言論の自由や報道の自由、多様な情報へのアクセスが保障されている。ところが、ソーシャルメディアという新たなツールの社会への浸透は、国民の情報への関与の仕方を変容させただけでなく、世論が政府の意思決定に与える影響力を増大させた。さらに心理面では、人間は危機の下で疑心暗鬼に陥りやすく、不安な情報を求めやすくなるが、こうした心理状態にある人々が、物理的空間の制限を受けず瞬時に情報が拡散される技術的特徴を持つソーシャルメディアを介してディスインフォメーションに接すれば、これを容易に信じやすくなり、意図的（「誰かの役に立ちたい」といった正義感など）または無意識のうちにディスインフォメーション・キャンペーンに加担する可能性が高くなる。

そのソーシャルメディアが、人種差別やヘイトスピーチ、陰謀論やデマ、ディスインフォメーションの拡散と、それがもたらす社会の分断に貢献してきたことは否定できず、実際、ソーシャルメディアの役割については米国を中心に世界的に問題となってきている。

ディスインフォメーションは、種類を問わず、真実よりもはるかに速く、遠く、広範囲に広がり、多くの人々の心に深く浸透しやすい。ディスインフォメーションの拡散の速さや範囲の広さは、真実のニュースが拡散される10倍以上になるとも言われる。ソーシャルメディアを介して広がる際には、その広がりは光の速さと表現される。そのソーシャルメディアを流れる間に、情報は徐々に歪曲される可能性すらある。

その中でも、ディスインフォメーションがさらに拡散されやすくなる条件や環境がある。例えば政治だ。政治は、ディスインフォメーションとの関わりが深いのだ。ビジネス、テロ、戦争といった分野のディスインフォメーションよりも、政治分野におけるディスインフォメーションの方が拡散されやすいということはマサチューセッツ工科大学（ＭＩＴ）の研究によって明らかになっている。実験では、米大統領選があった２０１２年と２０１６年では、ほかの年と比べてディスインフォメーションが多く拡散されていることが証明された。つまり、選挙の際には、外国による攻撃を含め特段の注意が必要ということになる。先述のとおり、ロシアは、組織的にソーシャルメディアなどを利用して２０１６年の米大統領選に影響を与えた。これまで外国がソーシャルメディアを利用し他国の民主主義に大々的にダメージを与えたことは世界的にもほとんど例をみなかったとして、世界中に大きな衝撃を与えた。

さらに、危機の際にも注意が必要だ。危機のもとで疑心暗鬼になった人々は、よりディスインフォメーションに影響を受けやすくなる。特にこのような状況下では、同じようなディスインフォメーションが何度も繰り返し拡散し、同じようなパニックを引き起こすことが多いという。日本でも地震などの災害時には多くのデマが広まり、人々をパニック状態に陥れ、人々の行動に影響を及ぼしてきた。

高まる日本への期待と現実

民主主義の価値観を重要視する国や地域では、ディスインフォメーションは外交、軍事、経済、社会、公衆衛生、情報、科学技術などのすべての安全に関わる脅威であるという認識が広がっている。そうした国や地域でのディスインフォメーション研究や対策の強化ぶりには目を見張るものがある。

例えば、近年の欧州諸国は、ロシアの情報戦を念頭にディスインフォメーション対策を強化してきているが、中国からの介入にも警戒しており、この点では、日本との協力に期待する一面も見せている。２０２０年５月の日ＥＵ首脳テレビ会議以降、さまざまな枠組みを通じてディスインフォメーションに関する対話が実施されている。２０２１年５月27日の日ＥＵ定期首脳協議の共同声明では、日本とＥＵが社会および民主主義の強靱性向上のためにディスインフォメーション対策に関する対話を継続することで一致しており、これに続き２０２２年５月12日の日ＥＵ定期首脳協議の共同声明でも、国家および非国家主体によるディスインフォメーションを含む情報操作および干渉に対抗するため、ディスインフォメーションへの対応において実質的な協力を拡大させることで一致した。ウイルスやワクチンに関するディスインフォメーションを拡散したとして、欧州がロシアや中国を警戒するようになったことが、ＥＵ側の日本に対する最初の協力要請の背景にあると考えられ、最近ではこれにロシアのウクライナ侵攻をめぐるロシアの情報戦を警戒したものであるとみられる。共同声明では、中国やロシアを名指しすることはなかったものの、安全保障協力における新たな日本の役割について期待するＥＵの意図も垣間見える。

こうしたEUの動きと並行する形で、2021年にはNATO（北大西洋条約機構）戦略コミュニケーションセンター（StratCom）が初めて日本の戦略的コミュニケーションのあり方に関するセミナーを開催し、イタリア国際問題研究所などもディスインフォメーション対策における日EU協力のあり方についてセミナーを開催するなど、欧州の専門家レベルでもこの分野に関する日本の考え方や日本との協力の可能性への関心が高まっているようだ。

欧州だけではない。中国の情報戦や影響工作の脅威に直面する台湾のシンクタンクなども、ディスインフォメーションを扱った国際シンポジウムなどを相次いで開催するなど、ディスインフォメーション対策で日本などとの国際協力を模索する動きが高まっている。

しかし、現在の日本のディスインフォメーション対策は、先述のとおり民間部門の自主的な取り組みが基本とされており、政府の対策はおろか、ディスインフォメーションへの対応において関係府省庁間の連携もとれていない状況である。事実、日本では、サイバー空間の利用、サイバーセキュリティ、ディスインフォメーションへの対処、ネットワークインフラ防御などが個別の問題として扱われる傾向にあり、また「ファクトチェック」の取り組みも遅れている。ファクトチェックとは、日本語の直訳では「事実確認」であるが、より適当な表現としては「真偽検証」となろう。ファクトチェックは、政治家の発言やメディアの報道、ウェブ上で流布されている情報など、社会に重要な影響を与えうる言説を対象とし、それらが事実に基づいており、証拠や裏付けがあるかを調査し、正確な事実を人々に伝えることを目的としている。数の多さや担い手の多様性で強みを持つ米国や欧州に加え、最近ではアジアでの取り組みも活発で、フィリピンや韓国などでは、選挙や大統領をめぐるさまざまな情報が流布したことをきっかけに、専門団体やメディアなどがファクトチェックを行うようになっている。中南米やアフリカでもその取り組みが盛んだ。

一方、日本のファクトチェックの取り組みはこうした国や地域と比較しても遅れている。米デューク大学のジャーナリズム研究センターであるThe Reporters Labによると、日本においてネット情報の真偽を確認するファクトチェック機関として登録されているのは「FactCheck Initiative Japan（FIJ）」「毎日新聞」「InFact（インファクト）」の3機関にとどまり、その数は、世界全体のファクトチェック機関（アクティブは378機関、2022年7月時点）の1％にも満たない。人口が日本の半分以下の韓国でも、13もの団体が登録されている（2022年7月時点）。

なぜ日本ではファクトチェックが進まないのか。それにはさまざまな理由が指摘される。まず、欧米のように大手メディアの中でファクトチェック自体に対する認知度が高くなく、意義や目的、手法が十分理解されてないことや、通常業務（取材や報道など）に手一杯であることなどが挙げられる。また、メディア以外の団体も、ファクトチェックのために割くリソースが不足していると見られ、その根本には社会全体としてファクトチェックが重要だという認識が欠如していることが指摘できよう。

繰り返しになるが、前述のように、日本は海外からのディスインフォメーションの脅威に晒された経験に乏しい。確かに、日本の特殊な環境や状況は、欧米などと比較すればある意味では恵まれているとも言えようが、それが日本はディスインフォメーションに対して強靱ということではない。世界的に見てディスインフォメーションの脅威は急速に増大してきており、日本として早急な対応策の検討が必要である。

海外の偽情報対策

日本との協力を模索する欧州

日本が取り組むべきディスインフォメーション対策には、どのようなものが考えられるのだろうか。その参考として、海外ではどのような対策が講じられているか、いくつかのケースを見てみよう。

日本が対策を検討するにあたり、まずディスインフォメーション対策に積極的であり、さらに日本との協力の可能性に関心を持っている地域として、欧州、特にＥＵの取り組みに着目したい。

ＥＵのディスインフォメーション対策は、もともとロシアの情報戦に主眼を置いたものだった。２０１５年に欧州対外行動庁（ＥＥＡＳ）内に戦略的コミュニケーション・タスクフォースが設置され、それ以降、ディスインフォメーションに対する行動計画や行動規範の策定といったさまざまな取り組みが実施されてきた。官民連携も進んでおり、２０２０年には欧州デジタルメディア観測所（ＥＤＭＯ）の運用が始まり、ファクトチェッカーやアカデミアが

表2●ディスインフォメーション対策に係るEUの取り組み

時期	EUの取り組み
2015年3月	欧州対外行動庁（EEAS）内に戦略的コミュニケーション・タスクフォース（East StratCom Task Force）を設置
2016年6月	ハイブリッド戦への脅威への対処の共同フレームワークに関する共同コミュニケを公表
2017年11月	フェイクニュースに関するパブリック・コンサルテーションおよびハイレベル専門家グループの発足
2018年4月	ディスインフォメーション対策に関するコミュニケを公表
2018年9月	自由で公正な欧州選挙の確保に関するコミュニケを公表 ディスインフォメーションに関する行動規範を採択
2018年12月	ディスインフォメーションに対する行動計画を公表
2019年3月	ディスインフォメーション関連情報をEU加盟国間で共有し、共通の状況認識の構築と対応策の策定を実現するための「Rapid Alert System」の運用開始
2020年6月	新型コロナウイルス関連のディスインフォメーション対策に関する共同コミュニケを公表 欧州デジタルメディア観測所（EDMO）の運用を開始
2020年12月	欧州民主主義行動計画を公表 デジタルサービス法案およびデジタル市場法案を欧州議会とEU理事会に提出
2022年4月	デジタルサービス法の導入にEUが合意

構成員となり、メディアやメディアリテラシーの専門家と連携することで、EUのファクトチェックサービスの開発促進やメディアリテラシー・プログラム支援など、EU加盟国間の連携や官民連携の努力を払っている（表2参照）。

EU域外との国際連携の動きも見せている。最近の欧州は、新型コロナウイルス感染症への対応や人権問題をめぐって中国への批判を強めており、安倍元首相が提唱した「自由で開かれたインド太平洋」（FOIP）をはじめとする、日本が推進するイニシアチブに対して高い関心を寄せている。2020年より始動したEUの新たなプロジェクト「アジアにおける欧州連合とアジアの安全保障協力の強化」（ESIWA）もその一環として注目を集める。

ＥＵの新たな動きとして、２０２２年4月、フェイスブックやユーチューブに代表される大手プラットフォーム企業に対し規制の強化をできるようにする「デジタルサービス法」の導入について合意した。同法は、２０２０年頃からデジタルプラットフォーム規制案として「デジタル市場法」とともにＥＵの中で議論が進んでおり、パンデミックに加え、２０２２年2月24日より始まったロシアによるウクライナ侵攻がＥＵ内の政策立案者の意思決定を後押しする格好となった。

「デジタルサービス法」は、ディスインフォメーションなど、ソーシャルメディアが社会に対して及ぼす悪影響に対処することを目的としたもので、大手プラットフォーム企業に対し、違法コンテンツの削除機能の強化や人種、宗教、性的指向などの情報に基づくオンライン広告表示の制限を義務付ける。これにより、自主的な規制を行ってきた大手プラットフォーム企業の取り組みが大きく転換することとなる。こうしたプラットフォーム企業の活動を取り締まろうとする包括的な法律は米国でも存在せず、今後欧州が世界的なオンラインプラットフォームの技術規制の基準を設定していく可能性もある。

中国からの偽情報を警戒する台湾

台湾も、中国によるディスインフォメーション対策に余念がない。台湾ではディスインフォメーションに対する台湾市民の危機意識が非常に高い。臺灣民主基金會の世論調査によれば、既に２０１９年時点で、台湾市民の94・２%がディスインフォメーションは台湾の民主政治に危害を与えると考えているのだ。

台湾の強い危機意識の背景には、２０１８年9月に発生した台風21号の影響で関西空港に取り残された台湾からの旅行客への対応をめぐり、台北駐大阪経済文化弁事処（総領事館に相当）の対応が激しく非難されたことで、蘇啓誠処長（当時）が自殺したことが大きく影響していると考えられている。後にこの件は、当時インターネットで拡散された「在大阪中国総領事がバスを手配し、中国人を優先的に退避させている」などという情報自体が虚偽だったことが明らかになり、ディスインフォメーションが蘇啓誠氏を自殺に追い込んだとして台湾世論に大きな衝撃を与えた。

さらにディスインフォメーションが台湾の選挙に影響を与えているという見方も強い。与党・民進党は、民進党が大敗した２０１８年の統一地方選（台湾の中間選挙に相当）の選挙戦のさなかに、中国がインターネットなどを通じて介入したと非難していた。中国が民進党候補を批判する真偽不明の情報などをネットに流し、台湾世論を自らの政策の有利な方向に誘導していると疑っていたのである。

こうした事態を受け、民進党は２０２０年の総統選期間中の対策を徹底した。政府による24時間体制の迅速な情報発信をはじめ、市民に対するメディアリテラシー教育、中国からの政治的な影響を阻止するための法整備として「反浸透法」を立法するなど、あらゆる対策を施した。

また、台湾は、台湾行政院長（首相に相当）の蘇貞昌（そていしょう）氏などの政治家によるソーシャルメディアを活用した情報発信にも積極的である。例えば「インターネット・ミーム」と呼ばれるコンテンツは、短く、かつ、ユーモアを交えて発信できることから、政治家は若者にも親しみやすく拡散されやすい手法を駆使し、ディスインフォメーションなどについて台湾市民に注意喚起を行っている。「反浸透法」の立法においても、蘇貞昌氏はミームを用いて情報発信した。

これらは、ディスインフォメーション対策として一定の効果を発揮したと内外から評価されているが、前述の台湾市民のディスインフォメーションに対する意識の高さもディスインフォメーション対策を後押しする役割を果たしていると考えられよう。

官民連携も進んでおり、2020年の総統選期間中に中国からのディスインフォメーションを抑制することに成功したが、その背景には台湾政府と市民社会との連携があったと評されている。例えば、民間のファクトチェック団体（Taiwan FactCheck Center、MyGoPen、Cofacts〈真的假的〉、Rum Toast〈蘭姆酒吐司〉）が中心となりファクトチェックを行っているが、これらの団体は、台湾政府をはじめSNSのプラットフォーム企業とも連携している。

対策と抑圧のジレンマ

一方、ディスインフォメーションを取り締まろうとする政府の動きが、結果としてむしろ言論の自由や報道の自由を奪ってしまうケースがあることにも触れておきたい。シンガポールでは、外国からのディスインフォメーション・キャンペーンによる内政干渉や国内世論操作を防ぐことを目的として2021年10月に「外国干渉防止法」が可決されたが、政府が権限を乱用する可能性について懸念が広がっている。ブラジルやハンガリー、フィリピンなどでは、新型コロナウイルス感染症対策の一環として「反フェイクニュース法」などの法整備により「ディスインフォメーション」や「ミスインフォメーション」を取り締まろうとする動きがみられるが、こうした対策が、政府にとって都合の悪い情報や言論の統制、また報道の自由に対する抑圧につながると懸念される。

さらに、先述の欧州の「デジタルサービス法」については、欧州委員会に大きな権限を与えてしまう可能性があり、その一方で、同法施行のために雇われるスタッフ数が約200人超(予定)と、大手プラットフォーム企業が抱えるユーザー数と比較し不十分だとする専門家の懸念もある。さらに、同法が施行されても、本当にディスインフォメーションの広まりを阻止できるのか、またそれが言論の自由を脅かしうる事態とならないのかなどについても疑問視する向きがある。

米国でも、ディスインフォメーション対策への批判が集まっている。バイデン政権は、米国国境の安全や、災害時の国民の安全を確保、民主制度を保護することを目的とし、外国の政府や組織が流布するディスインフォメーションへの対策に乗り出しており、2022年4月、国土安全保障省に新たに「ディスインフォメーション・ガバナンス委員会」を設置した。中国やロシアなどの外国によるディスインフォメーション・キャンペーンや、米国南部国境からの移民に対し密入国請負業者や人身売買業者が発信するディスインフォメーションに対処することを目的としている。しかしこれが、政府に不利な情報を監視、検閲し、言論の自由が侵害されるのではないかとの反発を招いている。共和党の議員からも、同委員会は「政権与党の政治的道具である」「プロパガンダを広めようとしている」などと非難されている。

国土安全保障省は、同委員会について、検閲や言論統制を目的としたものではなく、憲法上の権利を守りつつ国土を守るという使命を全うするためだと説明している。しかし、国民や野党からの激しい非難により、設置されてからわずか3週間後に、同委員会の活動が一時的に停止された。

ディスインフォメーション対策は、言論の自由のみならず報道の自由にも大きく関係する。国境なき記者団が発表した2021年の世界報道の自由度指数では、新型コロナウイルス感染症の世界的蔓延以降、調査対象国180カ国の約7割でジャーナリズムが「遮断された」あるいは「深刻な状況に陥った」ことが明らかになった。ジャーナリストの情報源へのアクセスが困難になっていることなどが原因だと指摘されている。これに加え、ウイルスやワクチンに関するディスインフォメーションを含めた真偽不明の情報がSNSを通じて拡散すれば、ジャーナリズムそのものに対する信頼度にも影響すると考えられる。

参考資料

・桒原響子「『人間の認知』をめぐる介入戦略：複雑化する領域と手段、戦略的コミュニケーション強化のための一考察」『Roles Report』No.12、東京大学先端科学技術研究センター創発戦略研究オープンラボ（ROLES）、2021年7月15日、https://roles.rcast.u-tokyo.ac.jp/uploads/publication/file/19/publication.pdf
・桒原響子「世界を覆うディスインフォメーションに翻弄される社会」Wedge Online、2021年11月30日、https://wedge.ismedia.jp/articles/-/24980
・桒原響子「台湾有事におけるディスインフォメーションの脅威と対策のあり方」『研究レポート』日本国際問題研究所、2022年3月1日、https://www.jiia.or.jp/research-report/security-fy2021-01.html
・シナン・アラル『デマの影響力』ダイヤモンド社、2022年
・立岩陽一郎、楊井人文『ファクトチェックとは何か』岩波ブックレット、2018年
・Yumi Ariyoshi「報道の自由の最前線」Global News View、2021年9月21日、https://globalnewsview.org/archives/15652
・渡辺靖『文化と外交』中公新書、2011年
・渡部悦和『日本はすでに戦時下にある』ワニプラス、2022年

- Paul, Christopher. *Strategic Communication: Origins, Concepts, and Current Debates*. Santa Barbara, Calif.: Praeger, 2011.
- Huang, Aaron. “Combatting and Defeating Chinese Propaganda and Disinformation: A Case Study of Taiwan's 2020 Elections.” Belfer Center for Science and International Affairs, Harvard Kennedy School, July 2020.
- du Cluzel, François. “Cognitive Warfare.” Innovation Hub, November 2020, https://www.innovationhub-act.org/sites/default/files/2021-01/20210122_CW%20Final.pdf
- Duke Reporters' Lab. “Fact-Checking.” Duke University, https://reporterslab.org/fact-checking
- Karlova, N.A. and Fisher, K.E. “A Social Diffusion Model of Misinformation and Disinformation for Understanding Human Information Behavior.” *Information Research*, 18(1), March 2013, http://InformationR.net/ir/18-1/paper573.html
- Rodriguez, Katitza and Schoen, Seth. “5 Serious Flaws in the New Brazilian ‘Fake News’ Bill that Will Undermine Human Rights.” Electronic Frontier Foundation, June 29, 2020, https://www.eff.org/deeplinks/2020/06/5-serious-flaws-new-brazilian-fake-news-bill-will-undermine-human-rights
- Reporters Without Borders. “Orbán's Orwellian Law Paves Way for ‘Information Police State’ in Hungary.” April 1, 2020, https://rsf.org/en/orbán-s-orwellian-law-paves-way-information-police-state-hungary

第2章

中国の情報戦

——その強硬姿勢と世界の反応

桒原響子

偽情報を使った中国のキャンペーン

中国外交部副報道局長の「浮世絵ツイート」

いくら日本が欧米諸国と比較し海外からの深刻なディスインフォメーション・キャンペーンの脅威に晒されてきた経験が少ないとはいえ、日本でディスインフォメーションが全く流布されてこなかったわけではない。日本にとって海外からのディスインフォメーションを含めた影響工作の最大の脅威となりうる相手として、よく中国が挙げられる。

日本に対して中国から発せられるディスインフォメーションとして日本で大きく報道されたケースに、福島第一原子力発電所の処理水放出方針をめぐる趙立堅（ちょうりっけん）副報道局長のツイッターへの投稿などがある。2021年4月26日、趙副報道局長は自身のツイッターに、葛飾北斎の浮世絵「富嶽三十六景 神奈川沖浪裏」を模した画像とともに日本に対する批判を投稿した。加工された画像は、中国の若手イラストレーターによって描かれたとされており、防護服に身を包んだ人が舟から海に処理水を流す様子や、富士山が原発らしき建物に置き換えられた様子が描かれたものだった。同ツイートは、趙副報道局長のツイッターアカウントで投稿日以降、約3カ月以上固定ツイートされていた。固定ツイートとは、過去に自分が行ったツイートの中から一つだけ選んで設定することができ、最新のツイートより上に表示されるものだ。ユーザーのプロフィールページに訪問したフォロワーや別のユーザーは、まず初めに固定ツイートを見ることとなる。情報発信の上で重要なメッセージを拡散する手法のひとつである。

また、外交・安全保障上の利益を目的とし、中国が日本を舞台にして展開したディスインフォメーション・キャンペーンもあった。同年4月29日、在京中国大使館が米国を死神になぞらえて米国批判をするツイートを公式ツイッターアカウントに投稿した。同ツイートには、「米国が『民主』を持ってきたらこうなります」との日本語ツイート文とともに、米国国旗を模した服を身にまとった死神が、英語で「イラク」「リビア」「シリア」などと書かれた扉を背に、鎌を片手にエジプトの扉をノックしている姿を映したイラストが添えられた。エジプト以外の扉はすべて開いており、部屋の中から血が流れ出している。

世界的に見ても、このように中国の在外公館や外交官自らが特定の国や地域に関するネガティブな情報の発信やディスインフォメーションを拡散する動きは増大している。2020年前後に欧米諸国を中心に注目を集めた、中国のいわゆる「戦狼外交」の一環と言える。例えば、2020年後半に、趙副報道局長がオーストラリア軍の兵士がアフガニスタンの子供にナイフを突きつけている虚偽の画像とともにオーストラリアを非難するツイートをしたこともその一環である。これに対しモリソン首相（当時）は猛烈に中国を非難し、豪中間の外交問題に発展したのだった。

存在しない「研究員」のインタビュー掲載

筆者が研究者として活動する中で、中国のディスインフォメーションの実際の脅威を身近に感じた経験もあった。ニューヨークを拠点とする中国語のニュースサイト『多維新聞』が、2021年10月2日、ある中国人特派員による記事「ハトはタカ派になる、岸田文雄の首相就任は北京にとって祝福か呪いか《鴿派変鷹派　岸田文雄上位対北京是福是禍》」を掲載した。記事の中では、筆者の当時の活動拠点の一つでもあった国内の研究所に在籍する「特約研究員」による岸田政権を論評する内容のインタビューが掲載されたが、同研究所には「特約研究員」といった役職はなく、また記載された研究員の氏名も、同研究所の職員はおろか、関係者の中にも実在しない人物だったのである。

その後、台湾メディアの報道などによって情報が虚偽であることが明らかになるにつれ、『多維新聞』は、同記事に編集者の注を付けたうえで、記事の中に登場した日本人研究者が所属するとした日本国内の研究所名は翻訳ミスであり、調査の結果、私立の学術機関であったとする釈明記事を掲載し、問題となった記事を削除した。しかし、釈明記事の中で紹介された私立の学術機関も日本国内に存在しなかった。

「研究者」の名をかたったディスインフォメーションは、欧米でも問題となってきた。新型コロナウイルスの起源をめぐり米中が激しく対立する中、中国は、責任を米国に転嫁するためのさまざまな情報を発信していた。その中で、中国環球電視網（ＣＧＴＮ）、人民日報、チャイナ・デイリー、環球時報などの中国国営・共産党系メディアが、実在しないスイスの生物学者による見解を引用し、ウイルスの起源を調査する世界保健機関（ＷＨＯ）の取り組みが米国に利用されると警告した。在中国スイス大使館はツイッターなどでこのスイス人生物学者の存在を否定し、中国メディアに対して記事の削除・訂正を求めたことで、この情報が中国によるディスインフォメーションであることが明らかになった。その後、一部の中国メディアは関連記事を削除している。

こうした存在しない研究者に虚偽の事実を発言させるディスインフォメーション・キャンペーンは、中国が自らに有利な状況を作り出すべく、「研究」という客観的で信頼性の高い領域・立場を利用し、主張の裏付けを図ったものだと考えられる。

世界ではこれまで、文化や言語をはじめ、観光やスポーツなどのソフトパワーを活用し情報発信するなど海外の世論に働きかけるパブリック・ディプロマシーが、ポジティブな対中世論を醸成するための重要な戦略であるとして注目を集めていた。しかし、数年前から中国のこうした働きかけが米国を中心に「シャープパワー」だと批判されるようになり、中国語教育で有名な孔子学院も米国を中心に相次いで閉鎖される事態となった。新型コロナウイルス感染症が世界中に蔓延すると、欧米を中心に、中国（やロシア）によるディスインフォメーション・キャンペーンが注目を集めるようになった。

そもそもの中国の発信は、自らのシステムや政策の正当性をアピールする内容であることが多く、世界で中国に対する支持を増やそうとする意図に基づいた活動であると考えられる。しかし、最近の中国の発信は、ディスインフォメーション・キャンペーンの一環ではないかと厳しく見られることが多くなっている。また、中国は近年「戦狼外交」、すなわち自らの主張を声高らかに発信する外交を展開してきたが、このような中国の外交スタイルは世界、とりわけ欧米を中心とした西側諸国において不審の目で見られ、中国の好感度を大幅に低下させる結果を招いている。詳細は後述する。

習近平指導部は、2014年より「総体国家安全観」という安全保障概念を掲げている。「総体国家安全観」とは、政治、国土、軍事、経済、文化、社会、科学技術、情報、生態系、資源、核といった領域を一体化した安全保障体系をいう。習近平指導部はこの概念に基づき、政権の安全を維持するための環境構築を行っており、その中で、第1章で述べたようなさまざまな工作活動も行っていると考えられる。新型コロナウイルスの起源をめぐり対米批判を前面に出す中国のキャンペーンは、ウイルスの発生源についての調査を求める国際的な動きや、パンデミックの責任を問われることに対する中国の不安の表れだったのであろう。

日本における中国の「戦狼外交」

駐大阪中国総領事館公式ツイッター

中国外交部が積極的に展開している「戦狼外交」についてもう少し詳細に検証していこう。その代表的担い手が前出の外交部の趙立堅副報道局長であり、戦狼外交官として強気な発言が注目を集めるところだ。例えば、中国は香港の弾圧や新疆ウイグル自治区における人権侵害が欧米から批判されており、それを理由にした欧米諸国からの経済制裁を受けているが、中国はこの問題を逆手にとり、趙副報道局長がツイッターなどを通じ、黒人差別を行っている米国が国際社会であたかも人権擁護者のように振る舞っていると痛烈に批判し、さらには英国、豪州、カナダも人権侵害を行ってきたと挑発的な発信を繰り返している。

日本における中国の戦狼外交官といえば、駐大阪中国総領事館の薛剣（せつけん）総領事を思い浮かべる人は少なくないだろう。日本国内にある中国の在外公館は、東京の中国大使館をはじめ、札幌、大阪、福岡、長崎、名古屋、新潟に総領事館がある。なかでも、最近の大阪の総領事館はツイッターを通じて興味深い発信を展開している。ほかの中国の在外公館と比較しても文章や表現がかなりフレンドリーな発信が多い一方で、強硬な内容の発信も目立つからだ。

駐大阪中国総領事館の公式ツイッターアカウントの歴史について簡単に紹介したい。もともと同総領事館のツイッターが注目を集めるきっかけとなったのは、戦狼外交を象徴するような強硬で好戦的なツイートではなく、若手外交官の描く本格的な萌え系漫画であった。その萌え系漫画の中で最も話題となったものの一つに、神戸市王子動物園のジャイアントパンダ「タンタン」を少女に見立てたキャラクターの漫画がある。『神戸新聞ＮＥＸＴ』によれば、タンタンの帰国決定後、ファンへの感謝の気持ちを表すために、当時26歳の男性外交官の発案でタンタンのキャラクターをあしらった少女のクリアファイルが希望者に配布された。キャラクターは、少女に見立てられたパンダが穏やかな表情で花束を持ち「20年間ありがとうございます」と感謝の言葉を告げている。発案した若手外交官はアニメ好きで、パソコンのデザインソフトで制作したという。タンタンをあえて人間の少女に描いたのは、「日本文化に寄り添う思いから」だという。タンタンに限らず、少女を描いた萌え系漫画は総領事館のツイートで度々登場した。内容はそれぞれのツイートで異なるが、いずれも日本のフォロワーとの距離を縮めようとする狙いがあるとみられる。

ところが、ある時期を境に萌え系漫画が投稿されなくなっていった。その時期とは、２０２１年６月末に薛剣氏が新総領事として着任した時期である。ルポライターであり立命館大学人文科学研究所客員協力研究員などを務める安田峰俊氏によれば、中国人外交官が自作の漫画をツイートしていた時期は、駐大阪総領事館の公式ツイッターアカウントが開設された直後の２０１９年12月から２０２１年5月ごろで、とりわけ２０２０年3月から２０２１年4月ごろに頻繁に投稿していた。この時期は、前総領事の何振良（かしんりょう）氏が失踪し、総領事不在の時期と重なる。

前総領事の失踪については、次のとおりである。２０２０年秋、何振良氏は、大阪から中国に一時帰国したまま所在不明となったのだ。同年12月ごろからは、副総領事の張玉萍（ちょうぎょくへい）が代理総領事を務めた。何振良氏の失踪の原因として、中国当局による身柄拘束の可能性なども噂されていた。結局何振良氏が総領事に復帰することはなく、２０２１年6月末に薛剣氏が後任として着任したのだった。何振良氏が総領事を務めたのは、２０２０年2月からわずか10カ月程度という異例の短さだった。

新総領事着任後の総領事館のツイッターは、これまでのやわらかツイートではなく、むしろ戦狼外交要素の強いツイートで大きな話題となった。前任者である何振良氏の許可のもとでやわらかツイートを発信していた外交官も、薛剣総領事のもとでは自由に投稿できず、戦狼外交の戦列に加わり、政治的な内容のツイートを作成するようになったのではないかと、安田氏は指摘する。

新総領事着任の前後の変化

駐大阪中国総領事館の新総領事着任前後のツイートがどのように変化していったのかをより詳しく把握するために、1年間の推移をみてみよう。グラフ1は、駐大阪総領事館（以下、総領事館）の公式ツイッターについて、筆者が、薛剣氏が大阪総領事として着任する2021年6月末を軸に、その前後約半年ずつのツイート数と内容の推移を分析したものである。薛剣氏が着任するまでの2021年1月から6月までのツイートは、月平均で25件、そのうちのほとんどが日中友好に関するやわらかツイートである。ここで言う日中友好関連とは、パンダ関連や、春節や食などの中国文化、観光地などを紹介する内容、コロナ患者への応援メッセージなどに分類している。日本のユーザーに「フォローしてみようか」と思わせるようなコンテンツがかなり多かったと言える。

それが薛剣氏着任以降にはツイート数が急増し、2021年下期のツイート数の月平均は倍増している。内容面でも変化が見られ、これまでのタンタンや文化など、日中友好の促進に積極的な内容のツイートは徐々に減少し、代わりに米国批判や、中国内政や外交に関して宣伝するような内容のツイートが急増した（グラフ1を参照）。また、以前のツイートになかったような、経済や科学技術、医療、気候変動といったテーマで中国の内外での取り組みに関する主張も出現し始めた（同じくグラフ1を参照）。

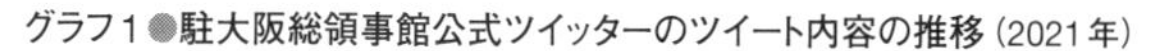
グラフ1●駐大阪総領事館公式ツイッターのツイート内容の推移（2021年）

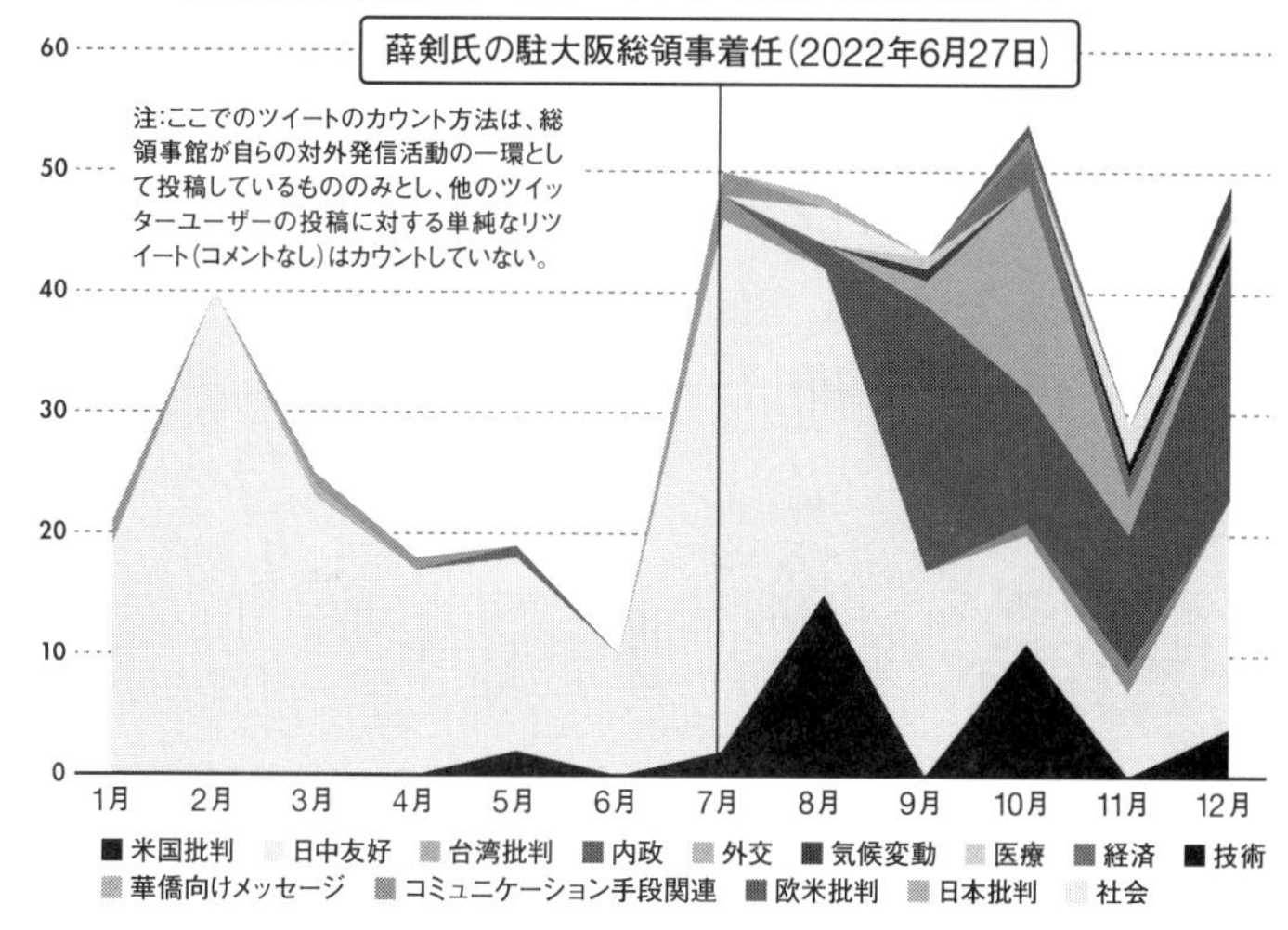

増加率の多い米国批判や内政に関するツイートをより詳細に見ていくと、米国批判に関しては、新型コロナウイルス起源をはじめ、国際社会における米国の役割、米軍のアフガン撤退に関して、米国の責任を強く非難するものが多い。内政に関しては、特に新疆ウイグル自治区、チベット自治区、台湾など中国の「核心的利益」に関わる問題の主張や、中国共産党を宣伝するものが目立つ。なかでも「新疆」（中国はSNS上では「新疆」と日本語表記をしている）に関するツイートは多く、薛剣氏着任前の5カ月間の関連のツイートは全部で3件だったのに対し、着任後の5カ月間では20件へと急増した。日本を批判する内容のツイートもあり、ウイグル問題に関する日本の発言などに対する反応が多い。「新疆」に関しては、ツイッター分析アプリのTruthNestを

使用して総領事館公式アカウントを分析しても、総領事館が過去のツイートで最も強調してきたことがわかった。過去２１９９件のツイートに使われたハッシュタグのうち、「新疆」関連のものは92件（「#新疆は良いところ」「#新疆」）と最も多く、#タンタン（28件）や#習近平（23件）を優に上回る。新疆ウイグル自治区の人権状況をめぐり欧米各国や日本などから高まっている懸念に対処するためのものだとみられる。

ちなみに、薛剣総領事自身も着任から1カ月半ほど経った２０２１年8月中旬に自身のツイッターアカウントを開設している。同氏のツイッター開設から5カ月間のツイート内容の推移についても分析してみたところ、月平均のツイート（ただし、薛剣氏自らによるコメントなしのリツイートは除く）は圧倒的に米国批判が多く、アカウント開設初月は全体の半分以上を占めた。米国批判の中でも、人権など民主主義に関する問題や暴動、労働環境などの社会問題をはじめ、バイデン政権の外交政策やコロナ対策などが多い。次に多くなっているのが内政に関するツイートで、総領事公式ツイッター同様、「核心的利益」である新疆ウイグル自治区や香港、台湾に関する主張をはじめ、中国共産党に関する宣伝が多い。ほかにも、経済や社会、科学技術、公衆衛生といった取り組みについて紹介するものもある。

薛剣氏のアカウント開設から6カ月目以降も引き続き欧米非難が最も多く、次に中国の内政や外交政策の宣伝が多い。日本批判に関するツイートも数は多くないものの出現し、調査対象期間では、政治家の発言や岸田政権の外交政策、メディアの中国関連報道ぶりについて批判する内容が見られた。

他方、日中友好に関連するツイートも続いている。こうしたツイートは、上記内容を扱うツイート量と比較すれば少ないものの、薛剣氏が大阪府内で農業体験した際には、農業体験の際に撮影したとみられる写真などを交え、親しみやすくポジティブな内容のツイートが頻出するなど、日中友好をテーマとしたツイートは関連イベントにあわせて増加する傾向にある。

薛剣氏のアカウントを総領事館のアカウントと同様に TruthNest を使用して分析すると、過去２１９６件のツイートの中で、中国が偉大な国家であることを主張するツイートが１００件と最も多く（#China 55件、#中国 17件、#AmazingChina 28件）、続いて「新疆」（#Xinjiang 21件）、米国批判（#US 15件）となっていることがわかった。

以上の分析から、薛剣氏が駐大阪中国総領事館に新総領事として着任したことがきっかけとなり、総領事館の公式ツイッターは戦狼外交路線の発信のための手段として使用されるようになっていったと推察される。ソフトパワーを用いた日中友好促進ではなく、日本ユーザーの対米信頼度を低下させること、さらに中国内政や、新疆ウイグル自治区など中国の「核心的利益」に関わる問題をアピールするなど、中国の主張の正当性を理解させることが優先され、そのための情報発信に大きな努力が払われるようになったようだ。そこには、薛剣氏の意向がツイート内容の議題設定に大きく関わっていると考えられる。

逆効果となった戦狼ツイート

総領事館の過去の好戦的な内容のツイートの中でも特に話題となったツイートがある。例えば次のようなものだ。

「もしもし～アメリカさん、聞こえてる～？疑惑だらけのフォート・デトリックは大丈夫かい？証拠がこんなに出揃ってるけど、知らんって言わんといてよ。内緒で教えてほしいんやけど、ほんまはそっちから#コロナ が出たんやないかな～？@WhiteHouse #アメリカに聞きたい」（中華人民共和国駐大阪総領事館公式ツイッター、２０２１年8月6日、https://twitter.com/ChnConsul_osaka/status/1423628820637118468）

フォート・デトリックとは、米メリーランド州にある陸軍の生物医学研究施設である。中国は２０２１年3月ごろから、証拠を提示することなく同施設がウイルスの発生源であると主張してきていた。そして２０２１年8月6日、総領事館も、ツイートで日本のツイッターユーザーに向けてコロナウイルスの起源について米国に責任があるとの主張を展開した。ホワイトハウスに言及（@WhiteHouse）することで、ホワイトハウスに公式に喧嘩を仕掛けた格好だ。口調も大阪弁でかなりカジュアルだ。他の米国を批判する内容のツイートで用いられる口調や表現も、これと大差ないものが多い。

総領事館の公式ツイッターのツイートでは、方言やネット用語、ミームなどが用いられるなど、役所の堅苦しいイメージの公式ツイッターとは大きく異なる。日本のユーザーとの距離を縮め、中国に親近感を持ってもらおうとする狙いがあるのだろう。

果たしてこうした戦狼ツイートが日本のユーザーの心をつかみ、中国支持の獲得につながっているのだろうか。戦狼ツイートの影響力を見るために、まずフォロワーの増減について見てみよう。総領事館の公式ツイッターのフォロワー数は、２０２２年６月時点で約１・９万人、その約１年前は１万～１・１万人程度であった。１年間で８０００人程度のフォロワーの増加があったものの、増え方は比較的緩やかと言えそうだ。

次に、日本のユーザーの反応についても見てみよう。TruthNest を用いて分析すると、総領事館の過去２１９９件のツイートの中で、最もリツイートされた日本語の投稿上位５位のうち１位がタンタンの誕生日記念キャンペーンのお知らせおよび２０２１年７月よりＮＨＫＥテレで放映が始まったアニメ『ラブライブ！スーパースター‼』の中国人メインキャラクターの紹介であった。いずれもパンダやアニメなどソフトパワーを題材としたコンテンツである。その次に多くリツイートされたのが、前述のコロナウイルスの起源について米国に責任を押し付ける内容となった米国批判のツイートである。しかし、リツイートが多いというのは、必ずしも人気を博したということではなく、話題性があったということでもある。ユーザーの反応をコメント欄で確認すると、「米国に直接言ってください」「（米国向けのメッセージなら日本語ではなく）英語を使おう」「公式（アカウント）でこれはひどい」「自分から嫌われに行くのか」「逆効果」といった、むしろ総領事館の発信自体に否定的な日本語のコメントが多く寄せられ、炎上状態となっている。

リツイート数5位の投稿も同様に、日本のユーザーから総領事館の公式アカウントに怒りの声が寄せられ炎上状態となった。原因は、新疆ウイグル自治区の小学生たちの様子を映した動画に添えられた以下のツイート文だ。

「顔面偏差値が高すぎる新疆の小学生たち🤗新疆はとっても良いところ😊是非とも新疆へお越しになっていただき、自分の目👀で確かめて、自分の耳👂で聞いて、自分の心♥で感じてみていただきたい。新疆ツアーにご意向のある方は、ぜひご登録を！」（中華人民共和国駐大阪総領事館公式ツイッター、2021年12月20日、https://twitter.com/ChnConsul_osaka/status/1472856566458363911）

スマイリーマークやハートマークの絵文字を活用し、「新疆」のポジティブな側面をフレンドリーにアピールしようという意思が感じられる。しかし、冒頭の「顔面偏差値が高すぎる」という一言が、多くのユーザーの不快感や怒りを買い、「子どもに対して『顔面偏差値』って狂ってる」「絶句した」「公式アカウントがするツイートではない」「ルッキズムまる出し」「子どもたちは装飾品じゃない」といったコメントが多数寄せられるなど、総領事館や中国に対する大きな反発へとつながった。ルッキズムとは、look（見た目、容姿）とism（主義）を合わせた言葉で、「外見至上主義」などと訳される。人を見た目で判断したり差別したりすることを指し、最近ではこれを見直そうとする動きが国内外で広がっている。

ちなみに4位は、日本国内で詐欺電話が多発していることを題材とした中国国産ゲーム「原神」との詐欺予防に関するコラボ漫画となっている。

このように多くの批判を集めたツイートは、いずれも総領事館公式ツイッターは削除あるいは訂正していない（2022年6月時点）。これほどの反発があってもなおツイートの削除を行わないのは、中国側に、自らの主張が正当なものであるとの考えがあるからであろう。

新型コロナウイルスの起源に関しては、世界中から中国の責任を追及する声が上がり、中国の評判を大きく押し下げることになった。その中国は、自らの評価を回復するために躍起になっており、後述するが、「米国が武漢ウイルス研究所からの『流出説』を広めているが、米国こそウイルスの発生源である」との主張を世界中で展開しており、この論調はバイデン政権がウイルスの起源解明に向けた調査を実施したことでますます高圧的になっていった。2021年8月13日には、中国の馬朝旭（ばちょうきょく）外務次官が「米国がさまざまな手段で世界保健機関（WHO）や国際専門家を脅迫し、圧力をかけている」と非難し、各国の大使館員向けに説明している。こうした流れがあり、中国は、日本に対しても自らの汚名返上と同盟関係にある米国に対する日本での信頼度を低下させることを目的とし、前出のようなツイートを繰り返していると考えられる。駐大阪総領事館に限らず、駐長崎総領事館など、ほかの在外公館も公式ウェブサイトなどでウイルスの起源解明の「政治化」について断固として反対する姿勢を発信している。

新疆に関しては、新疆ウイグル自治区での人権侵害に関して世界中から中国に対する非難の声が高まる中で、「新疆」に関するポジティブなコンテンツを日本のユーザーに届ける狙いがあったとみられる。総領事館や総領事の公式ツイッターで頻繁に「新疆」が取り上げられる傾向から、現在の中国の情報発信において、新疆ウイグル自治区では欧米諸国が非難するような人権侵害など行われておらず、素晴らしいところであり、ウイグルの人々も幸せに暮らしていることをアピールすることが、最重要課題の一つとなっていることがうかがえる。

しかし、日本のユーザーに親近感を抱かせるために使用する大阪弁のカジュアルな口調や主張は、ツイッターのフォロワー数や問題のツイートに対するコメントの内容に鑑みても、ツイッターという情報空間において中国支持者の獲得につながっているとは到底言えず、むしろ主張が反発を招き逆効果となるケースもあり、日本のツイッターを舞台にした戦狼ツイートは、中国の目指す成果を生んでいないと言えよう。

これまで駐大阪総領事館による働きかけについて見てきたが、中国全体としての戦狼外交が世界でどのような成果を生んでいるのかについて、世論調査からもうかがい知ることができる。米世論調査機関ピュー・リサーチ・センターが発表した2022年の世論調査によれば、中国について「好ましくない」と回答した日本人は87%であり、新型コロナウイルス感染症が中国武漢から世界中に蔓延した2020年の数値から横ばいである（2020年86%、2021年88%）。本調査は欧米や東南アジアなど世界19カ国で実施されているが、その68%が中国の印象を「好ましくない」と回答しており、中国に対する否定的な見方は、調査対象の多くの国で依然として歴史的な高水準かそれに近い水準となった。中国の印象を「好ましくない」と回答した割合は、米国（82%）、カナダ（74%）、オランダ（75%）、ドイツ（74%）、韓国（80%）などで過去最高となり、豪州とスウェーデンは日本の割合に続き、86%および83%となった。同センターは、こうした否定的な意見は中国の「人権に関する政策」への懸念が関連しているとしている。調査対象国の79%が中国の「人権に関する政策」を、「軍事力」「経済競争」「国内政治」にも増して自分たちにとって深刻な問題と考えているのだ。

強硬姿勢が目立つ中国外交

新型コロナウイルス対応で悪化した対中イメージ

ここで、中国の戦狼外交そのものについて確認しておきたい。中国外交部による戦狼外交が激しくなったのは、2020年初頭、世界中で中国が新型コロナウイルス感染症への初期対応を誤ったことに対する批判が高まったことに起因する。中国の初期対応が後手に回ったことや、情報開示が十分でなかったことなどから、米国をはじめ各国の対中イメージが悪化した。中国は、新型コロナウイルス制圧に成功したと喧伝する一方、世界各国に医療物資や医師団を送るいわゆる「マスク外交」を展開し、自国のイメージ回復に躍起になった。その中で中国外交部は、中国国民に使用を禁じているツイッターを用いて報道官が諸外国の世論に英語で働きかけ、さらには習近平国家主席自らが各国首脳に電話攻勢をかけるなど、世界のリーダーとして振る舞おうと必死だったのである。

しかし、中国の攻勢は空転し、むしろ世界の反発を買う結果となった。トランプ政権が新型コロナウイルスを「中国ウイルス」と呼称し、ウイルスが武漢ウイルス研究所から流出した疑いがあると批判したのに対し、中国は米軍がウイルスを武漢に持ち込んだ疑いがあると反論、相互にメディアなどを用いてけん制し合う状態が続いたことで、米国の対中世論を悪化させた。また、中国と経済的結びつきが強く中国に対する直接的な批判を避けてきた欧州や豪州、アフリカ諸国が中国の医療器具や医薬品に頼る一方、中国からの支援に対し「感謝」を表明するよう要請されたり、経済的な脅しを受けたりしていることが原因で、中国に対する不信感が高まった。こうした中国の強硬外交が戦狼外交であると注目を集めるようになったのだった。

戦狼外交とは、２０１５年と２０１７年にシリーズで公開された中国のアクション映画『ウルフ・オブ・ウォー（英語表記：Wolf Warrior）』になぞらえた、過激な発言などをする中国外交官による好戦的な外交を指す。同作品は、中国人民解放軍特殊部隊「戦狼（Wolf Warrior）」の元隊員の主人公が、演習途中で米国人傭兵軍団の襲撃にあい仲間を失ったことから、傭兵軍団と死闘を繰り広げる物語である。

映画が大ヒットを記録した時期の前後、米中間では貿易摩擦が問題となっていた。両国が技術的優位性や国際社会での影響力をめぐり対立を繰り広げていたことが背景となり、中国の政府関係者や外交官が戦狼的とも攻撃的とも言える手法で広報合戦を展開するようになった。そして新型コロナウイルス対応では、こうした手法がより活発に使われた。

中国政府では、大国中国にふさわしく、より強く主張する外交を求める声が強まってきていた。こうした空気を反映して、趙立堅副報道局長が２０２０年２月に中国外交部のスポークスパーソンとして就任すると、「戦う外交官」として強硬な発言を繰り返し、また各国駐在の中国大使をはじめとする外交官も強気の発言を行う様子が相次いで報じられた。

このように中国は、自らのイメージを挽回し、日本など諸外国を味方につけるために世論づくりを展開しているが、特に中国当局が表立って経済的圧力をかけ、さらには各国首脳からの謝意を直接要求し、コロナウイルスの起源に関しては米国に責任を押し付けその情報を世界中に発信するといった高圧的とも言える対外行動は、これまでの中国のしたたかな外交とは趣を変え、逆効果を生んでしまった。これは習近平指導部が、コロナウイルス対応が国内での自らの立場に悪影響を及ぼしうる深刻な危機と捉えており、焦りを感じていたことの裏返しであったと言えよう。

高まる中国への警戒感

中国外交は、いったいどこへ向かうのか。中国は今、国際コミュニケーション力のさらなる強化を目指そうとしている。習近平国家主席は、2021年5月31日に開催された中国共産党中央政治局の集団学習会において、中国の国際コミュニケーション力の強化について強調した。

国際コミュニケーション力とはどのようなものか。この一連の発言の中で習主席は「発言力（中国語では話語権）」の構築や「人的交流および文化的交流活動」を促進することについても言及したが、これを理解するには、中国の公共外交（パブリック・ディプロマシー）について確認しておく必要がある。

中国の安全保障戦略の中では三戦（世論戦、心理戦、法律戦）が掲げられているが、これは宣伝工作などを用いて敵を弱体化させることを目的とする非対称戦の一部である。パブリック・ディプロマシーは、相手国世論に働きかけ自国のイメージの向上を図ることも目的としており、この三戦の一部をなしているという考え方が可能だ。

中国は近年、パブリック・ディプロマシーを通じて国際社会における自国のプレゼンスやイメージ向上のための努力を行ってきた。中国共産党の一党統治体制のもと、予算や人員など豊富な資源を武器に、経済活動をはじめ、文化交流や人物交流を通じて、海外の世論に接近し、戦闘意思を取り除き、自らの国益に有利な方向に世論を醸成することを目的としている。

なかでも、相手国世論の信頼を獲得するために、中国指導部が前面に出ない方途が重視され、海外の華人や企業、市民団体などと連携しながら、国際放送を中心に据えた多彩なメディア戦略をはじめ、孔子学院を介した中国語教育や文化交流といった取り組みを展開してきた。メディア戦略では、例えば中国中央電視台（ＣＣＴＶ）や中国環球電視網（ＣＧＴＮ）において、欧米人の記者やキャスターといったスタッフを起用し、現地の視聴者の信頼や親近感を獲得するための見せ方や伝え方にも工夫を凝らしてきた。また、孔子学院の取り組みでは、言語のみならず伝統文化や食文化を通じた交流事業を展開し、各大学に中国大陸所在の協定校を設け、短期留学および長期留学制度を通じて、中国に対する現地学生の理解を深め好感度を向上させる取り組みを展開してきた。

　中国がパブリック・ディプロマシーの重要性を強調するようになったのは、１９８９年６月４日に生起した天安門事件に起源がある。民主化を求めて天安門広場に集結していたデモ参加者を軍が武力で弾圧し、多数の死傷者を出したこの事件は、欧米に厳しく批判されることとなった。こうして世界中に広がった中国のマイナスイメージを払拭すべく、中国は自らのイメージ回復に努め、文化的ソフトパワーを前面に打ち出すパブリック・ディプロマシーを展開していったのである。

　２０００年に入ると、中国は目覚ましい経済発展を遂げ、２０１０年には世界第2位の経済大国となり、国際社会におけるプレゼンスが格段に高まった。中国の戦略目標は、「大国」としてのイメージの強化、経済・ビジネス面での国際市場の拡大、そして国際社会で支持を集めるため、中国に有利な国際環境の構築へと移っていく。その中で中国は、とりわけ米国に対する働きかけが自国の発展や外交政策にとって重要だとの認識に立ち、米国に対するパブリック・ディプロマシーに多大な努力を払っていった。

　２０１１年10月に開催された17期中央委員会第６回全体会議（６中全会）において、胡錦濤国家主席（当時）は、激しい国際競争の中で主導権を握るためには社会主義文化強国の建設を目指す必要があり、そのために「文化的ソフトパワー」を強化しなければならないと強調した。この考え方は、国際社会における中国自らの発言力、換言すれば、「自らの発言を相手に受け入れさせることのできる力」を高めるための取り組みにも反映されている。パブリック・ディプロマシーもまた、発言力強化のための取り組みであると言える。

ところが最近、こうした中国の国際世論への働きかけは、米国を中心にスパイ活動やプロパガンダ活動といった浸透工作の動きとして批判されるようになった。その背景には、中国の大国化とその自分勝手な振る舞いが欧米諸国で脅威と受け止められたことが指摘できよう。特にバイデン政権は中国を経済、軍事、技術などすべての領域において唯一の競争相手と捉え、米中両国の間で覇権争いが展開されることになった。これに関連して、米国においては、全米に設置されていた孔子学院を閉鎖し、中国のメディア計９社（２０２０年2月に新華社、中国国際テレビ〈ＣＧＴＮ〉、中国国際放送〈ＣＲＩ〉、チャイナ・デイリー、米国海天発展の5社、同年6月にＣＣＴＶ、人民日報、環球時報、中国新聞社の4社）を「中国の宣伝機関」と国務省が認定するなど、中国からの介入に強い警戒感を表している。

このような米国などの反応に中国は強く反発し、中国は今や大国であり、自らの考えを堂々と主張すべきだという考え方が中国で主流となり、戦狼外交が展開されることとなった。しかし、その挑発ぶりや強硬ぶりが西側諸国を中心に大きな批判を招くこととなり、中国外交部のパブリック・ディプロマシーは世界で「友人」を作ることを企図したものであるはずだが、かえって「敵」を作る結果となる事態が相次いでいる。駐大阪中国総領事館の公式ツイッターも例外ではない。

習近平の目指す「愛される中国」の真意

コロナ禍の中国で、習近平国家主席のパブリック・ディプロマシー強化に関する発言があった。これが前述の2021年5月31日に開催された政治局学習会での習主席の発言である。同学習会で習主席は、「中国共産党がなぜできるのか、現代マルクス主義がなぜ機能するのか、中国の特色ある社会主義がなぜ良いのかを海外に理解させられるかが重要」であり、「自信を示すだけでなく謙虚で、信頼され、愛され、尊敬される中国のイメージづくりに努力しなければいけない」として、国際的なイメージづくり（中国語：国际传播工作）の強化を指示した。

この習主席の発言の背景には、中国の好戦的な発信が国際的に中国の評判を落とし、欧米諸国を中心に中国に対する見方が急速に悪化してきたことが背景にあると考えられる。ピュー・リサーチ・センターが2020年秋に行った先進14カ国における対中世論調査結果が、中国政府の対外的なコミュニケーション戦略に影響を与えたのだとの関係者の指摘もある。同調査によれば、2020年時点で、中国の印象を「好ましくない」とする世論が米国で73％

と過去最高となるなど、欧米諸国の過半数において2019年からの1年間で中国を「好ましくない」とする見方が急速に高まっていたのだった。

しかし、この習主席による指示は、中国が対外行動において進めてきた強硬路線に終止符を打つものではない。中国は、自らの政策を国際社会が正当に評価、理解していないことを問題視しているのだ。日本を含む西側諸国では、習主席の目指す中国のイメージが「愛される国」（欧米メディアは"credible, loveable and respectable (China)"という表現で報じられたが、習主席は、「可信、可爱、可敬」と表現しており、新華社は公式英文として「reliable, admirable and respectable (image of China)」という訳出を用い、中国が優れており称賛に値するのだと強調していた。ここから、国際社会から自らが正当に評価され支持されるためのイメージづくりを強化しなければならないとする習近平指導部の意図がうかがえる。

中国外交には、「協調」と「強硬」の二つの路線が共存する。一見、相反する路線であるが、これには中国の核心的利益が大きく関わっていると考えられている。習近平指導部のもとで展開される中国外交は、「中国的特色をもつ大国外交（中国の特色ある大国外交）」という概念で説明される。これは「中華民族の偉大な復興」という中国の夢の実現のために、「平和的発展の道」を堅持しつつ、核心的利益を断固として擁護し、各国に尊重するよう求めるものである。「平和的発展の道」は「協調」につながる考え方だが、核心的利益は断固として擁護する必要があり、そのためには「強硬」姿勢にならざるを得ない。中国は自らの核心的利益を、国家主権、国家安全、領土保全、国家統一、中国の憲法に定められた国の政治制度、社会の大局の安定、経済社会の持続可能な発展の基本的保障と位置付けており、主に台湾、チベットやウイグルの問題、2010年には南シナ海、2013年には尖閣諸島を核心的利益と主張している。国際社会からは、香港の民主派やウイグル族の弾圧などに見る中国の行動が人権侵害であるとする非難の声が増大しているが、中国は自らの核心的利益を脅かしうる外国からの圧力を排除する必要があり、そのためには「強硬」な外交路線も辞さない。その外交路線の中には、自国の利益を損なわせないようにするためのディスインフォメーションの発信も含まれよう。

習主席は、2016年7月1日の共産党式典において、「決して我々の正当な権益を放棄してはならないし、また国の核心的利益を犠牲にしてはならない。いかなる国も、我々が自らの核心的利益を取引対象にしたり、わが国の主権と安全と発展上の利益を損なう苦い果実をのみ込んだりするだろうと期待すべきではない」と述べていた。習近平指導部が国際コミュニケーション力を強化し、国際社会において自らの発言力や影響力を高める努力を払っても、実際の行動が伴わなければ、その効果は期待できないだろう。先述の2022年のピュー・リサーチ・センターの世論調査からも、中国に対する否定的な見方が西側諸国の多くで過去最高となった原因の大部分が中国の人権に関する政策にあることは否めず、西側諸国からの否定的な見方を払拭するためには実際に新疆ウイグル自治区や香港での人権状況が改善されなければならない。それに加え、ディスインフォメーションを流布し、他国の評判や信頼を落とそうとしたり、自らの正当性を主張するという手法は、時代遅れであり、むしろ逆効果に終わってしまう可能性が高くなる。

世界に向けて発信するメッセージは実際の政策が伴わなければ効果を期待できないことは、多くのパブリック・ディプロマシーの歴史が証明している。さらに、パンデミックを機に国際社会から大きく失った好感や信頼を回復することは、中国にとって決して容易な作業ではないだろう。

対策進まぬ日本の課題

日本は、対中関係においてさまざまな問題を抱えているものの、これまで見てきたとおり、中国を含め海外からのディスインフォメーション・キャンペーンを含む厳しい影響工作の脅威に晒された経験に乏しい。ツイッターなどソーシャルメディアにおいては、むしろ中国など発信者側のオウンゴールとなるケースさえあった。例えば、先に紹介した在京中国大使館の「死神」ツイートは、明らかに中国外交部が日本を舞台として展開した米国批判であったが、これに日本のユーザーが感化されるどころか炎上し、コメント欄には、「品がない」「プロパガンダだ」「本当に大使館の公式ツイートなのか」などとの厳しい批判が殺到した。これを受け、中国大使館は自らツイートを削除し、在日米国大使館が公式ツイッターで「あの極めて不快なツイートに対して声を上げてくださった日本の皆さまに感謝いたします」と謝意を表明し、改めて日米同盟が強固であることを強調、中国にとってはオウンゴールする結果となった。駐大阪中国総領事館の公式ツイッターの中での米国批判ツイートに関しては、削除こそされていないものの、先述のとおり否定的なコメントが多数寄せられている。

ディスインフォメーション・キャンペーンの深刻な影響を受けてこなかったが故、日本ではディスインフォメーション対策が進んでいない。西側諸国では、情報操作やディスインフォメーションは外交、軍事、経済、社会、公衆衛生、情報、科学技術などのすべての安全に関わる脅威であると認識されている。日本においても、このような脅威認識が共有され、世論操作を画策するアクターに悪意ある活動の温床を提供しないような対策が講じられることが重要であり、そのための努力が早急に払われるべきである。

日本の国際コミュニケーションは、パブリック・ディプロマシーを含めその多くの役割を外務省が担っている。しかしそれは、第1章の冒頭で紹介したように、ソフトパワーを中心とした情報発信や文化交流、人物交流に偏りがちであり、安全保障の要素が十分とは言えず、そのため現実の国際情勢に対応しきれていないのが実情である。これを補完するためにも、戦略的コミュニケーションを強化する一方、海外からのディスインフォメーション・キャンペーンを含めた影響工作に備える必要がある。さらに、国際環境や情報環境が変化し、それが国際コミュニケーションの成果に大きく影響することについて不断な分析がなされ、その分析結果が政策に柔軟に反映されることも重要となろう。

台湾有事と偽情報

台湾有事では人々の「認知」も狙われる?

さて、ここからは、実際に日本がディスインフォメーション・キャンペーンの脅威に触れ、大きな被害を受ける可能性について考えてみたい。一番に考えられるのが、台湾有事に関連するケースである。台湾有事への備えは政府の役割だと思われがちだが、狙われる対象は人々の「認知」であり、国民個人のレベルに及ぶ可能性がある。

2021年3月、フィリップ・デービッドソン・インド太平洋軍司令官（当時）が米上院軍事委員会の公聴会で「6年以内に中国が台湾に侵攻する可能性がある」と発言した。デービッドソン氏のこの発言は中国の軍備拡張を強調するものであり、米国の軍備強化の必要性を米議会に働きかける狙いもあったと考えられる。「6年」という期限についても確たる根拠があったわけではないものの、具体的な期限を示した発言が米国の軍部トップの一人から出たことから、台湾有事が現実の可能性として論じられることが多くなってきた。

その後、マーク・ミリー統合参謀本部議長は「6年以内に侵攻」議論が一人歩きしないよう、「中国は台湾侵攻の能力を持ちたいという意欲は持っているが、近い将来台湾を攻撃するとは考えていない」とコメントしたが、日本では台湾有事に対する関心がますます高まってきている。デービッドソン氏の発言に続き、翌4月に開催された日米首脳会談の共同声明において「台湾海峡の平和と安定の重要性」が謳われた。日米首脳共同声明で台湾海峡が盛り込まれるのは1972年の日中国交正常化以来、初めてのことだった。台湾海峡をめぐる緊張の高まりを受け、国内のシンクタンクなどでは研究プロジェクトや机上演習などの機会が増えている。

「台湾有事」とは、台湾を舞台に戦争状態、あるいはそれに近い軍事衝突が起きることを意味しており、その地理的な近さから考えても、日本が確実に巻き込まれると言っていい深刻な事態である。台湾有事を想定して、日本としてさまざまな備えをすることは重要だが、何より重要視されるべきは、いかにして台湾有事が起きないようにするかである。防衛力の整備と並行し、外交的な努力を払う必要があることは言うまでもない。

米国政府はこれまで、中国が台湾を武力攻撃した場合、米国が台湾を守るとも、守らないとも言わない「戦略的曖昧さ」(Strategic Ambiguity) 政策をとってきた。これに対し、中国の攻撃的な姿勢を警戒する声が高まり、「中国が台湾を攻撃すれば米国は台湾を守る」という明快な姿勢を示すことが対中抑止の観点からも重要だという主張が出てきていた。そして、バイデン大統領は、2022年5月の日米首脳会談後の記者会見で、「中国が台湾に軍事侵攻した場合、米国は軍事的に関与するか?」との質問に対し、「イエス、それが米国のコミットメントだ」と回答した。このバイデン発言が米国の台湾政策を変更するものではないかとして大いに注目された。

この種のバイデン発言は2021年夏以来3度目のものであり、その度毎にホワイトハウスは「従来の対中政策に何ら変更はない」と釈明している。バイデン政権の実務者は、台湾をめぐる議論があまりに過熱するのを警戒してか、台湾の独立は支持しない、歴代米政権が踏襲してきた「一つの中国」政策を堅持し、「戦略的曖昧さ」を維持すると強調しているが、バイデン大統領の発言について台湾の関係者は喜び、その一方で中国が警戒心を高めるのは間違いないところであろう。

偽情報で世論の「分断」図る

他方、台湾有事の議論において見落とされがちなのが、中国が日本に対して展開すると考えられるディスインフォメーション・キャンペーンの具体的な脅威である。

2014年のロシアによるクリミア併合、そして今回のロシアのウクライナ侵攻に際し、ロシアはハイブリッド戦の一環としてディスインフォメーション・キャンペーンを仕掛けたことはよく知られているが、台湾をめぐっても、中国がディスインフォメーション・キャンペーンを展開することが十分に予想され、警戒する必要がある。

現代の戦闘領域は、武力衝突が生起する物理的空間から認知領域などの無形空間に拡大している。無形空間における戦闘では、政治的介入や情報操作、プロパガンダなどによって敵対国の世論が分断され、敵対国政府の政策決定に重要な影響を与えうる。ディスインフォメーションなど人々の認識に影響を及ぼす外国からの工作活動では、特定かつ既存の分断を煽りやすい概念が活用され、それに対して感情的な人々や集団がターゲットとなる場合がある。

ここでロシアがウクライナとの関係で展開してきているディスインフォメーション・キャンペーンについて、2014年のものを改めて見ていくこととしたい。2014年のクリミア介入に際しロシア政府が発信した情報は、「政治的にはウクライナ国民だが、民族的にはロシア人と同じだ」というものだった。さらにロシア政府は、クリミアへの介入に際しさまざまな情報戦を展開した。「キーウ[1]政変の黒幕は米国だ」「ウクライナの親西欧派住民はナチス支持者やファシストの末裔だ」「ロシア政府は関与しておらず現地住民による運動である」といった情報を流し、人々の認識形成において影響力を発揮した。2014年2月には、クリミアの親ロシア派住民を扇動し、自治政府を解散に追い込み、住民投票を強行し、わずか3

1　日本政府はウクライナの首都「キエフ」の表記をウクライナ語に沿った「キーウ」に変更した。「キエフ」は、軍事侵攻している側のロシアの言語に基づいた名称表記であり適切ではないとの指摘などを踏まえた措置である。原則として、外国地名は現地読みであり、また、2015年の段階でウクライナ大使館は日本の外務省に対しウクライナ語表記に変更するよう文書で要請していた。

週間のうちにクリミアを併合したのである。

そして2022年に入ると、再びロシアのウクライナ侵攻が始まった。ここでもプーチン大統領は「ウクライナとロシアは一つの民族だ」という点を強調している。ロシアはウクライナのNATO加盟に反対する立場を鮮明にしているが、そこで強調する「一つの民族」とは、9世紀に遡る歴史である。ロシアは、両国が中世国家「キーウ大公国」を起源とする「一つの民族」であり、歴史や言語、宗教的に結びついた共同体と言うのだ。

これを台湾有事に当てはめると、中国はさまざまな情報戦を展開する可能性がある。基本的な戦略は、日本を米国から少しでも切り離さんとするものであろう。具体的には、「在日米軍基地と米国の軍事行動が日本を戦争に巻き込む」と訴えることで、日本国民の軍事アレルギーを刺激し、戦争や駐留米軍に対する批判的なデモを扇動する可能性も考えられよう。

また、歴史的観点でいえば、中国からは、もともと沖縄は琉球という独立国家であり、清朝に従属していたなどという指摘が聞こえてくる。2017年1月付の公安調査庁の報告書では、「琉球帰属未定論」に関心を持つ中国の大学やシンクタンクが「琉球独立」を標榜する日本の団体関係者と交流を進めていると指摘されている。今後、台湾をめぐり中国が一段とこうした動きを強め、米軍基地が集中する沖縄の人々に働きかけ、日米の防衛力を低下させるよう揺さぶりをかけてくることにも警戒する必要があろう。

さらに、日本国民の厭戦機運を高め、日本の台湾有事への介入を阻止するため、「先島諸島および九州や本州の一部が中国との激しい戦場になる」「米中の戦争が始まり、日本が米国に加担すれば、当然、日本に対する全面攻撃が行われる」といった国民に危害が及ぶとする情報や、「日本でも徴兵制が実施される可能性がある」といった日本政府に対する国民の不信や不満を煽るような情報が流布する可能性もあろう。

他国に対しても、中国による宣伝戦や法律戦が展開され、伝統的メディアやソーシャルメディアを通じ、自らの行動の正当性を主張すると考えられ、外国社会もそれに翻弄される可能性がある。

世論の分断は、一瞬のうちに大きな対立や批判の応酬を広めるだけでなく、社会や政治をも不安定化させる危険を孕む重大な問題でもあるのだ。

参考資料

・加茂具樹「制度性話語権と新しい五カ年規劃」『中国政観』霞山会、２０２０年8月20日、https://www.kazankai.org/media/cl/a213

・桒原響子「中国外交はどこへ向かうのか：「愛される中国」の表裏、そして日本が浸透工作に対抗するために」『治安フォーラム』第27巻、第11号、pp.38-47、２０２１年11月、立花書房

・桒原響子「知らぬ間に進む影響力工作：中国が目論む日米の〝分断〟」Wedge Online、２０２２年2月16日、https://wedge.ismedia.jp/articles/-/25753

・安田峰俊「『口では嫌がっても体は正直だな…』中国駐大阪総領事館がぶち込んだ〝18禁トンデモ発言〟の真相：中国若手外交官18禁ツイートの真相 ＃１」文春オンライン、２０２１年８月９日、https://bunshun.jp/articles/-/47822
・安田峰俊「中国駐大阪総領事館が『萌え画像』大量アップ…26歳オタク外交官を変貌させた〝上司粛清〟事件：中国若手外交官18禁ツイートの真相 ＃２」文春オンライン、２０２１年８月９日、https://bunshun.jp/articles/-/47828
・安田峰俊へのインタビュー、東京都内、２０２１年11月４日
・薛剣、公式ツイッター、https://twitter.com/xuejianosaka
・中華人民共和国駐大阪総領事館、公式ツイッター、https://twitter.com/ChnConsul_osaka
・Silver, Laura, Huang, Christine and Clancy, Laura. "Negative Views of China Tied to Critical Views of Its Policies on Human Rights." Pew Research Center, June 29, 2022, https://www.pewresearch.org/global/2022/06/29/negative-views-of-china-tied-to-critical-views-of-its-policies-on-human-rights
・Silver, Laura, Devlin, Kat and Huang, Christine. "Unfavorable Views of China Reach Historic Highs in Many Countries: Majorities say China has handled COVID-19 outbreak poorly." Pew Research Center, October 6, 2020, https://www.pewresearch.org/global/wp-content/uploads/sites/2/2020/10/PG_2020.10.06_Global-Views-China_FINAL.pdf

第3章
ロシアの情報作戦
——陰謀論的世界観を支える理論

小泉悠

プーチンの世界観

繰り返される「第五列」発言

ロシアのプーチン大統領は能弁で知られる。教書演説のように特に改まった場ではあらかじめ用意された原稿を読み上げることもあるが、記者会見などでは何も見ないでスラスラと話すし、毎年恒例となっている国民とのオンライン公開対話「ダイレクト・ライン」では数時間もの間、紙なしで国民の質問に答え続ける。強権的な独裁者であることはたしかだとしても、政治家としてのカリスマ性を持っていることは否定できないだろう。

そのプーチンの演説に最近、よく登場するのが「第五列」なる言葉だ。例えば2022年7月7日、下院の各会派代表と会見した際には、次のような発言があった。

「米国が率いる、いわゆる西側諸国は、長年にわたってロシアに敵対的な姿勢を示し続けてきました。（中略）なぜか？　彼らはただロシアのような国を必要としないのです、それが理由です。だから彼らはテロリズム、ロシア国内の分離主義者、国内の破壊的勢力、そして我が国内部の『第五列』を支援してきました。彼らは皆、西側集団から無条件の支援を受け、現在に至るも受け続けているのです」

では、「第五列」とはなんだろうか？　正確な起源には諸説あるが、1930年代のスペイン内戦当時に登場したことはたしかなようだ。ソ連などの支援を得た人民戦線政府を内部から崩壊させるために活動する反乱グループが存在するとされ、これが「第五列」と呼ばれたのである。その後、この言葉は人口に膾炙し、支配体制の内部で活動する反体制的勢力全般を指すようになった。問題のプーチン演説においても、「テロリスト」や「分離主義者」、「破壊的勢力」と並べられていることからして、「第五列」は同じような意味で用いられていると考えてよいだろう。

ただ、プーチンによると、反体制派と「第五列」には決定的な違いがある。前者は政府と意見を異にしつつも祖国のためを想って戦う人々であるのに対し、後者は外国の利益のために活動するという。平たく言えば「第五列」とは「外国の手先」であり、西側諸国はこうした勢力によってロシアを内部から弱体化させようとしているのだというのがプーチンの言わんとするところのようだ。例えばロシア・ウクライナ戦争開戦直後には、プーチンは次のように述べている。

「彼ら（西側）は今や我々に再び圧力をかけて弱い従属的国家に変え、領土的一体性を侵害し、分裂させようとの試みを繰り返そうとしている。それが彼らにとって最も都合のいいロシアなのだ。それはうまくいかなかったし、今もうまくいっていない。だから彼らはいわゆる『第五列』をアテにしているのだ」

カラー革命への恐怖

なかなか剣呑な世界観だが、その内容自体はさほど驚くべきものではない。西側がロシアの弱体化を狙ってさまざまな工作を仕掛けている、という見方は、以前からロシア社会に根強く存在していた。

例えばロシアを代表する情報戦理論家で、外交アカデミー教授のイーゴリ・パナーリンによれば、ソ連の崩壊は西側による「情報戦争」の結果であった。偽情報によって社会主義体制は限界を迎えているという（パナーリンによれば偽の）認識を抱かせることで急進的な経済改革や情報公開政策（グラスノスチ）に走らせてソ連の崩壊を図った、というのである。また、このような情報戦争は現在も続いており、米国はロシア国内に反体制的なメディア、民主化NGO、スターリン時代の大粛清を記憶する市民運動「メモリアル」といった「内なる敵」を作り出すことで、ロシア国民の政府に対する信頼を貶めようとしているという（なお、「メモリアル」は2021年に政権の圧力で解散に追い込まれたものの、2022年にはノーベル平和賞を受賞した）。

また、パナーリンに言わせれば、1998年の通貨危機によるロシア経済のデフォルトは米国による人為的な通貨操作の結果であるし、旧ソ連諸国や中東で起きるテロもやはり西側の差金で行われる「戦争に見えない戦争」である（パナーリンは後に別の著書で、イスラム過激派組織「イスラム国（ISIS）」は米国が作り出した組織であるとも述べている）。したがって、パナーリンのいう情報戦争とは、第1章で見た情報戦と重なり合う部分が多いものの、物理空間での力の行使も含んだより広範な概念と位置付けられよう。

このような考えに基づくならば、ロシアにとっての安全保障とは、単に外敵の侵略を抑止できていれば完結するものではない。仮に大規模な軍事侵略を受けていないとしても、敵は平時から「第五列」を操ってロシアを内部から崩壊させようとしているとみなされるからだ。したがって、ロシアは平時と有事の区別なく常に外国との闘争の只中に置かれているということになるし、そこには戦場と後方、戦闘員と非戦闘員の区別も存在しない。闘争は、社会のあらゆる領域、あらゆる人々を巻き込んで現に行われているというのが現在のロシア側の認識なのである。

こうした認識が広まった一つの契機は、2000年代に旧ソ連諸国で起きた一連の体制転換、いわゆる「カラー革命」に求められよう。このうち、ジョージアの「バラ革命」（2003年）やウクライナの「オレンジ革命」（2004年）ではロシアと関係の深い政権が国民の抗議行動で倒れ、EUやNATOへの加盟を公然と唱える新たな政権が樹立されたが、プーチンはこれを、「第五列」を使って西側が引き起こした反ロシア・クーデターであるとみなした。さらに２０１０年代に中東・北アフリカ諸国で「アラブの春」が起きると、これも西側が引き起こした政変であると見たプーチンは反発をさらに強めた。

２０１０年代にはロシア国内でも重要な出来事が起きた。２０１１年12月の下院選挙をめぐって大規模な不正があったのではないかという疑惑が国民の間で巻き起こり、ソ連崩壊後最大規模の抗議デモが全国各地で発生したのである。２００８年から一時期首相に退いていたプーチンは、これが２０１２年に控えた自分の大統領復帰を妨害するために西側が仕組んだ陰謀であると見た（この選挙にめぐる顛末については後段で改めて触れる）。

２０１４年に勃発した第一次ロシア・ウクライナ戦争は、10年にわたるプーチンの西側不信が爆発した結果と言えるだろう。ロシアのテコ入れで当選したヤヌコヴィチ大統領が国民の抗議運動「マイダン革命」で政権を追われると、プーチンはこれを西側に支援された「反憲法クーデター」であると断じ、軍事介入に踏み切った。これに対して西側諸国が対露経済制裁を発動すると、プーチン政権はこれもロシア弱体化のための圧力であるとみなし、翌２０１５年に改訂された新バージョンの『国家安全保障戦略』には次のような文言が盛り込まれた。

いわく、ウクライナにおける反憲法的な政権転覆に対する米国および欧州連合の支援は、ウクライナ社会の深い分裂と武力紛争の勃発をもたらした。極右ナショナリストのイデオロギー強化、明らかな目的をもってウクライナ国民の中に作り出されたロシアに対する敵愾心、政府内の対立を力で解決することへのあからさまな期待、深刻な社会・経済危機は、ウクライナを欧州およびロシア国境における長期的な不安定の火種へと変えてしまった――。

「市民」という概念を信じないプーチン

だが、西側が「第五列」を操り、ロシアやその友好国の政権を脅かしているという世界観はあまりにも陰謀論的である。こういった認識をプーチンやロシアの政治指導部はどこまで本気で信じているのだろうか。国内統制を強めるための政治的方便にすぎない、と切って捨てることも可能だが、どうもそれだけでは済まないのではないかと思われるような言葉をプーチンは折々に口にしている。

例えば2020年に開催されたロシア政府後援の有識者会議「ヴァルダイ」でプーチンが展開した独自の「市民社会論」がそれだ。

「今後のロシアの発展には、市民社会が重要な役割を果たすと信じています。だからこそ、市民の声を決定的なものにし、さまざまな社会的勢力の建設的な提案や要望が実行されるように努めています。

しかし、そのような声はどうやって作られるのか？という当然の疑問が浮かびます。実際、国家は誰の声を聞くべきなのか？それが本当に民衆の声なのか、裏で囁かれている声なのか。誰かの声が民衆とは無関係で、時にはヒステリックになっているのか、どうやって見分けることができるのでしょうか。

私たちは時として、本当の社会の声が狭い社会集団の利害、あるいは率直に言って外部の力によって置き換えられているという事実に直面しなければなりません。

何度もお話ししているように、本当の民主主義や市民社会を輸入することは不可能です。

物事をよくしようとしているように見えても、外国の『善意の人』の活動の産物がそれらになることはありません。理論的には可能なのかもしれませんが、率直に言って、そんな状況に出会ったことはありませんし、あまり信じていません」

ここに滲むのは、自発的な意志を持った主体としての「市民」という概念そのものへの深い疑念である。大衆が自分の考えで政治的意見を持ったり、ましてや街頭での抗議運動に繰り出してくることなどあり得ない、とプーチンは考えるのだ。[2] ソ連末期から民主化運動に取り組んできたジャーナリストのアンドレイ・ソルダートフとイリーナ・ボロガンが述べるように、政治的抗議の背景には必ず首謀者と金で動く組織が存在するというのがプーチンの世界観であり、そこには彼がＫＧＢ諜報員として過ごした日々の記憶が色濃く影響している。

また、反不正選挙デモの少し後に、プーチンは、「ロシアと変容する世界」と題した外交政策論文を執筆している。ここでは、情報を中心とした非軍事手段が内政干渉の手段として用いられているとか、外部の支援を受けた「擬似ＮＧＯ」が内政の不安定化を図る可能性があるといった主張が展開されており、この事件がプーチンの認識に及ぼした影響の大きさが読み取れよう。

2　２０１０年代前半に在モスクワ米国大使を務めたマイケル・マクフォールによれば、「背後で操る者がいなければ、大衆は立ち上がらない。大衆は国家の道具や手段であり、ものを動かすテコである」というのがプーチンの世界観であり、訪露したジョン・ケリー国務長官に対して、在露米国大使館は自分の放逐を狙う勢力を支援していると公然と述べたことがある（McFaul, 2019.）。

ロシアの情報作戦理論家たち

情報戦理論の源流・メッスネル

したがって、2016年の米国大統領選に対してロシアが仕掛けた介入作戦は、同国の（あるいはプーチンの）論理では「復讐」であった。長年にわたって西側から情報戦争を仕掛けられ、「第五列」による国内不安定化の脅威に晒されてきたと考えるロシアにしてみれば、米国大統領選は格好のチャンスと映ったはずである。それは第一次ロシア・ウクライナ戦争後初めての大統領選であった上に、ドナルド・トランプというかつてない不確定要素まで存在していたためだ。

この事件がどれほどショッキングであったかについて、いまさら述べるまでもないだろう。冷戦後、唯一の超大国となった米国が、その「敗者」であったはずのロシアに国内をこうも不安定化させられ、大統領選の結果まで左右されたかもしれない——その事実は米国民だけでなく、全世界の人々に大きな衝撃を与えた。「2016」の前と後では、世界は全く違う場所になってしまったかのようでもある。

しかし、「2016」でロシアが用いた手法は、突然降って湧いたものではない。それはロシアが長年にわたって培ってきた情報戦理論の応用編のような性格を持っていた。
その源流としてよく指摘されるのは、一人の亡命者が温め続けてきた思想である。
エフゲニー・メッスネルという名のこのロシア人は、元々ロシア帝国陸軍の砲兵将校であった。1917年にロシア革命が勃発すると、筋金入りの反共主義者であったメッスネルは、共産主義政権軍と戦うために白軍に身を投じた。白軍が敗れた後、メッスネルはユーゴスラヴィアのベオグラードへと逃れ、ナチス・ドイツに協力して反ソ闘争を展開したが、周知のようにナチスもまたソ連に敗北する。こうしてアルゼンチンへと逃れたメッスネルは、1974年に客死するまでこの地に留まり、軍事的に敗北した後でも祖国を共産主義政権から解放する方法について思索を巡らせ続けた。[3]
同人の思想は、「もはや古典的な大戦争は不可能である」という前提から出発する。プロイセンの軍事理論家であったカール・フォン・クラウゼヴィッツは、戦争を「他を以てする政治の延長」と位置付けたことで知られるが、メッスネルによれば、20世紀後半の世界ではもはやこうした戦争観は通用しない。第二次世界大戦末期に核兵器が登場したことにより、次なる大国間戦争は政治的行為というよりも人類の破滅につながる可能性が高いためである。そ

3　メッスネルの主要な著作は、ロシア国防省軍事大学が編纂した以下の著作集に収録されている(Военный университет, 2005)。

れでも中小規模の戦争は不可能ではないだろうが、核兵器の直撃で全滅を避けるために軍隊は非常に分散した形で作戦することを余儀なくされ、補給段列も後方に下げざるを得なくなるので、通常戦力が大きな決定力を発揮することは難しいだろう――この辺りの非常に専門的な考察は、流石に元砲兵将校と言える。

「電波侵略」による「反乱戦争」

しかし、メッスネルの考察はこれに止まらない。より大きな戦後世界のトレンドから言っても、大量の犠牲を払う大戦争はもはや不可能だというのである。このようなメガ・トレンドを、同人は「世界革命」と呼んだ。

では「世界革命」とはどんな革命なのか。メッスネルの比喩を用いるならば、この革命はただ一度の爆発で砲弾を吐き出す大砲のようなものではない。それはむしろ、多数の小爆発を繰り返すことで動力を生み出す内燃機関のようなプロセスであり、イデオロギー、規範、社会、経済、政治、国際関係の6つの領域における変化が複合して生じた巨大な変動であるとされている。

その中でもメッスネルは、人々の意識の変化を重視した。第二次世界大戦後に進んだ民主化や個人主義の台頭によって国家は「神話的な地位」を失い、もはや人々は国家のために命を捧げようとはしなくなった。メッスネルによれば、第二次世界大戦後の世界では若者が徴兵を拒否し、知識人は戦争よりも敵に占領される方がマシであると主張するようになり、国防よりも経済が優先されるようになった。このような社会では軍隊は権威の中心ではなく、社会から「存在することを許されている」に過ぎない——これが戦後の社会を観察したメッスネルの結論であった。

断っておくならば、メッスネルはソ連の共産主義と同様、米国流の自由民主主義にも否定的であり、ジャズやハリウッド映画から女性のスカートの丈が短くなったことに至るまで、20世紀のあらゆる社会的流行に対して否定的な視線を向ける。他方、メッスネルの筆致は、ナチス・ドイツや、これに連帯した各国の義勇軍に対しては同情的であり、ロシア・ファシストとして知られるイワン・イリインにも度々言及している。皇帝による専制政治を理想として赤軍と戦ったメッスネルにとっては、共産主義体制と自由民主主義はどちらも悪であり、程度問題に過ぎなかった。

しかし、軍事理論家としてのメッスネルは、「世界革命」を経ても利益やイデオロギーをめぐる対立が解消されない以上、大戦争ができないならできないなりに、国家は何らかの形で闘争を続けるだろうとも予見していた。ここでメッスネルが着目したのは、電波メディアである。テレビやラジオならば国境をこえて人々に情報を送り届け、認識を操作することができる——つまり、「電波侵略」が可能になるというのがメッスネルの目論見であった。

また、メッスネルによれば、「電波侵略」は政府の公式プロパガンダを送り届けるだけでは十分でなく、「行いによるプロパガンダ」とでも呼ぶべきものでなければならない。個々人は合理的で冷静なので、あからさまな外国のプロパガンダを読んだり聞いたりしてもそう簡単に信じることはないからである。しかし、実際に隣人や同僚や公共機関が自らの世界観では理解し難い状況に陥っていればどうか？　公務員が政府の方針に反抗してストライキを始め、要人が次々と暗殺され、店先から品物が消えた時、個々人は合理性や冷静さを保っていられるか？

つまり、「電波侵略」はこのような状態を作り出し、群集心理によって個々人の精神を塗り替えることを目的とすべきだ、というのがメッスネルの考えであった。同人の言葉を借りるならば、「暴れ狂う群衆の中ではおとなしい者も暴れ、武装した群衆の中では平和を愛する者が武装し、狂った群衆の中では賢い者が狂う」という状態を作り出す、ということである。したがって、「電波侵略」の主な内容は、偽情報で人々の不安を煽ったり、敵国政府にとっての不都合な真実を暴露したり、ストライキやテロを唆す内容でなければならない。また、事態がここまで進めば、反体制派が大規模な武装闘争を始めるかもしれないし、それを加速するために限定的な軍事攻撃や武器援助などを行ってもよい――以上のような闘争方法を、メッスネルは「反乱戦争」と呼んだ。人々を自国の政府に背かせ、内部から崩壊させる戦い、ということである。

「反乱戦争」が、それ以前の大国間戦争と大きく異なったものであることは明らかだろう。それは暴力を全く行使しないか、あるいは限定的にしか行使しない闘争だからである。メッスネルの思想は、21世紀のロシア政府指導部が恐れる「カラー革命」論を半世紀ほど先取りしたかのようであった。

ただ、アルゼンチンからロシア語で発信されるメッスネルの思想は、当初、あまり大きな注目を集めたとは言い難い。特にソ連では反共思想の塊のようなメッスネルの著書は禁書扱いとされ、限られた専門家以外は目にすることができなかった。

パナーリンの「情報戦争」理論

状況が大きく変化するのは、1991年にソ連が崩壊して以降のことである。地下の特別書庫（スペッフラン）にしまい込まれていたメッスネルの著作は、今や誰もが自由に目にできるようになった。この結果、同人の唱えた非軍事的な闘争方法に対する注目が集まり、現代的な状況に即して再構築しようとする理論家が現れるようになった。その一人が、前述のパナーリンである。

パナーリンによれば、民主主義国である米国では、政権に対する国民の支持率を操作するための、科学的な手法を早くから発達させてきた（このように、同人の考える民主主義とは世論操作によって成り立つものである）。その手法は、人々が何を考えているのかを密かに調査することに始まり、流通する情報にコメントを行って人々の反応をコントロールすること、偽情報を流布すること、ある情報をクローズアップしたり、逆に重要でないように見せること（例えば新聞の1面に載せるか3面記事にするかといった編集プロセスへの干渉）など広範に及ぶ。

これに対して、ソ連のプロパガンダは単に自国の主張を大々的に喧伝することに終始し、それがどのような結果をもたらすのかをシステマティックに分析するという視点に欠けていた、とパナーリンはいう。言い換えれば、ソ連のプロパガンダはあまりに嘘くさく、メッスネルのいう「行いによるプロパガンダ」になれていなかった、ということになろう。

実は、「人々にどのような情報を与えてやればどのような反応が返ってくるか」を理解することで、まるで当人がそう望んだかのように錯覚させながら意図した反応を引き出す方法はソ連のサイバネティクス研究者を中心に1950年代から研究されていた。[4]だが、現実には理論ばかりで先行してうまく使いこなせていなかったのがソ連だった、というのである。

したがって、現代のロシアは洗練された情報戦争の手法を持たねばならない、とパナーリンは訴えるわけだが、同人はここにもう一つ、インターネットという要素を付け加えた。

前述のように、メッスネルは、テレビやラジオが「電波侵略」を可能にすると期待していたが、現実はそう簡単ではなかった。たしかに冷戦期の西側はソ連や東欧社会主義国に対して各国語の放送を行い、「鉄のカーテン」の向こう側に情報を送り届けようと（つまり「電波侵略」（を行おうと）したのだが、これに気づいた社会主義諸国は国境周辺に大量の妨害電波発信装置を設置し、西側のラジオやテレビを国民が受信できないようにしたのである。１９８８年に当時のゴルバチョフ書記長が妨害電波の停止を命じるまでに、発信装置はソ連だけで81の都市に設置され、その数は１３００以上に上っていたとされる。

インターネットの登場は、こうした状況を大きく変えた。特に21世紀に入ってからの爆発的なＩＴ化は世界中を結びつけ、そこでは誰もが、何らの権威に検閲されることなく、どんな情報でも発信できるようになった。この結果、インターネット空間は自然界（生物圏）に次ぐ第二の自然である「人智圏（ノウアスフィア）」となったのであり、そこで行使される力は、自然界における物理力に匹敵する効果をもたらす、とパナーリンは述べる。前述した情報戦争というパナーリンの用語はこのような認識から導き出されたものであった。つまり、情報空間は、物理空間での古典的な戦争に匹敵するような闘争の舞台になりつつある、ということである。

ちなみにパナーリンはプーチンと同じくＫＧＢ出身だが、その正確なキャリアははっきりわかっていない。ただ、２００８年に『ウォール・ストリート・ジャーナル』のインタビュ

4　反射統制と呼ばれるこの理論については Bagge, 2019. を参照。

ーに応じた際には、ソ連崩壊後は連邦政府情報通信庁（ＦＡＰＳＩ）で情報分析業務を行っていたことを明かしている。ＦＡＰＳＩはＫＧＢの通信傍受・分析部門が独立した組織（現在では連邦保安庁〈ＦＳＢ〉に統合）であるから、ソ連時代から情報分析畑の人間であったのだろう。さらにパナーリンは１９８９年からいくつかの大学で講師を兼任し、１９９９年に外交アカデミー入りしてからも中央選挙管理委員会の分析部門を率いたり、[5] 連邦宇宙局報道官を務めたりと多彩な活躍を続けてきた。

　こうした「活躍」の中には、情報戦に関する多くの提言も含まれる。例えば１９９７年、外国による情報戦争に対抗するために「心理安全保障支援総局」を設置するようパナーリンが提案したことは有名であるが、この構想は後に「情報作戦部隊」へと発展した。外交官、専門家、ジャーナリスト、作家、出版社、翻訳家、オペレーター、通信要員、Ｗｅｂデザイナー、ハッカーその他を集め、外国の情報戦争に受動的に対抗するだけでなく、敵対者に関する情報分析、これに基づくサイバー戦やプロパガンダ戦などを行える機関を作ろうというものである。

情報作戦の実際

「2011」——内なる敵に対する情報戦争

以上のように、パナーリンは元KGB職員にしてはかなり「出たがり」な人物であり、「パナーリン・ドットコム」なる個人サイトまで開設している。とすると、パナーリンは情報戦戦略の「黒幕」というより、そうした考え方を国民向けに浸透させるような役回りを演じているのかもしれない。

この点については、前述のソルダートフとボロガンの著書が参考になる。両名によれば、ロシアの情報戦戦略の策定にあたって実際に大きな影響力を持っていたのは、FAPSI長官を経て2000年に国家安全保障会議入りしたウラジスラフ・シェルステュークであったという。そして同人は、外務省やFSBと協力してインターネットの国家管理体制を構築していった。

5　中央選挙管理委員会の票集計システムはFAPSIが管理しており、おそらくパナーリンは名目上、FAPSIを退役したのちもこのシステムの運営に関与していたのではないかと思われる。

一方、攻撃的な情報戦のシナリオ作りについては詳細が明らかでないが、これについてもシェルステュークのようなFAPSI系人脈が中心的な役割を果たしていた可能性が高い。また、ロシアにはモスクワ大学情報安全保障研究所をはじめとして情報戦に関するシンクタンクがいくつか存在しており、こうした学術研究機関も情報戦戦略づくりに貢献してきた。情報戦戦略の本当の「黒幕」は、これらの人物・機関にあると考えた方がいいだろう。

それでも、パナーリンの情報戦争理論は、後にロシア政府が展開した情報戦の背景を理解する上では有用である。ここでは二つの事例を取り上げてみたい。前述した2011年の下院選挙の際に「内なる敵」に対して行われた国内向け情報戦と、第一次ロシア・ウクライナ戦争に際してウクライナのロシア語空間で展開された情報戦がそれだ。

まずは前者から見ていこう。

ロシアにおける選挙不正疑惑は、2011年以前から存在しており、2000年代初めにはそうした事例を収集して公開する団体の活動が始まっていた。その一つ、「ゴロス（声）」は、2011年の下院選挙にインターネット技術を駆使して臨もうとしていた。選挙不正が行われたという市民からの報告をインターネット上で受け付け、地図上にプロットして可視化するシステムを開発したのである。下院選挙をプーチンの大統領復帰に向けた重要な前哨戦とみなしていたクレムリンにとってみれば、極めて目障りな動きであったことは想像に難くない。

案の定、「ゴロス」は激しい攻撃を受けた。手始めはサイバー攻撃で、クレムリンに雇われたハッカーたちが不正報告システムに大量の偽情報を投稿し、システム自体の信頼性を低下させようとした。さらにクレムリンは「ゴロス」と協力関係にあった大手Ｗｅｂメディア「ガゼータ.ru」に圧力をかけ、同社のトップページに貼られていた「ゴロス」へのリンク用バナーを取り外させたほか、「ゴロス」の代表者を拘束しようとした（投票日の５日前以降に有権者の投票行動を公開してはならないという行政規則に違反したとの容疑）。

攻撃を受けたのは「ゴロス」だけではない。投票前日、ロシアのブログ最大手の「ライブジャーナル」は組織的なＤＤｏＳ攻撃を受けた。秒間12～15ギガバイトという膨大なアクセスが「ライブジャーナル」のサーバーに押し寄せ、ブログの閲覧を不可能にしようとしたのである。ロシアのインターネット創成期から知識人たちの言論の場として知られた「ライブジャーナル」を麻痺させ、不正選挙についての情報や抗議運動を圧殺しようとしたことは明らかであった。特に標的とされたのは、反不正選挙デモで一躍名を売った野党指導者アレクセイ・ナヴァリヌィのブログであったと思われる。攻撃はその他のリベラル系メディアや反体制的なブログ・プラットフォームにも及び、その多くが閲覧不能に陥った。

攻撃の総仕上げは、不正選挙に対する抗議デモの指導者を貶めること――ソ連時代から展開されてきた、敵対者の名誉毀損作戦（コンプロマート）だった。

投票後の12月５日、抗議デモの指導者の一人で野党「ヤーブロコ」の党首ボリス・ネムツォフの通話記録がインターネットメディア「ライフニュース」で暴露され、大スキャンダルとなった。問題の通話記録の中で、ネムツォフは、デモ参加者たちを「本物の機動隊員を見たこともないハムスターたち」、「怯えたペンギン」などと呼んでいた。抗議デモ参加者たちはそれまで政治に関心がなく、不正選挙疑惑に怒って初めてデモに参加した若者が多かったが、デモを呼びかけたネムツォフ自身が彼らをあからさまに馬鹿にしていたわけである。この結果、抗議運動の内部には大きな亀裂が生じたが、これなどはまさにメッスネルのいう「行いによるプロパガンダ」を地で行くものと言えよう。

それにしても、ネムツォフの私的な通話がなぜ漏洩したのだろうか。「ライフニュース」側は情報源の秘匿を理由に具体的な方法を明らかにしていない。ただ、当該サイトがプーチン大統領と親しい関係にある実業家のユーリー・コバリチュクとアラム・ガブレリャノフの出資を受けていること、ガブレリャノフ自身がネムツォフの通話記録を「受け取った」と述べていることなどを考えるに、情報機関による盗聴があったという見方が有力である。

こうして反不正選挙運動を押さえつけたクレムリンは、続く2012年3月の大統領選でプーチンの3選を勝ち取った後、インターネット空間の統制に向けて本腰を入れ始めた。政権に都合の悪いインターネットメディアは次々と閉鎖され、インターネットサービスプロバイダー各社はユーザーの通信記録を一定期間、サーバー内に保存するよう法律で義務付けられた。当初、サーバー内に保管された情報を保安機関が閲覧するためには裁判所の令状が必要とされたが、その規則も後に緩和され、保安機関は誰がどのサイトを閲覧し、何を購入し、誰とどんなメッセージをやりとりしているのかを自由に閲覧できるようになった。それまでは比較的自由な情報空間であったインターネットは、次第に国家による国民監視装置へと姿を変えていったのである。

重要なもう一つの点は、プーチンが「２０１１」を米国による介入とみなしたことであろう。選挙後に報じられたさまざまな不正疑惑に関して、当時のヒラリー・クリントン国務長官は「ロシアの人々には自らの声を聞かせ、自らの投票を集計に含めさせる権利がある」という声明を発表した。デイヴィッド・サンガーが述べるように、これは「教科書から書き写したような、面白みのない文面」に過ぎなかったが、プーチンはクリントン発言を「個人的な批判と受け取った」。前述のとおり、これを自らの大統領復帰に対する妨害工作だと考えたプーチンは、反不正選挙デモは米国務省の差金で行われたものであり、デモ参加者は米国から金をもらっていたと主張したのである。

さらに同年末の「ダイレクト・ライン」に臨んだプーチンは、抗議デモに参加した学生たちは西側から金をもらっているのだという同じような主張を繰り返した上で、デモを組織した連中はウクライナで「オレンジ革命」を起こしたのと同じ連中であり、その手法をロシアにも持ち込もうとしているのだと述べた。つまり、西側が「第五列」を使ってロシアでもカラー革命を起こそうとしたのだということである。

また、プーチンは、抗議運動の参加者たちが共通のシンボルとして白いリボンを結んでいたことを「コンドームをぶら下げている」と揶揄してみせたが、この下品なユーモアは単なる政治的攻撃という範囲を超えて、同人の怒りや恐怖を滲ませるものであったようにも見える。

「2014」――ウクライナに対する情報戦

「2016」へと至るもう一つの布石は、2014年2月に発生した「マイダン革命」をめぐって敷かれた。プーチンの「暴発」を引き起こしたウクライナでの政変である。

ウクライナがロシアにとってどれほど特別な存在であるかは、どれほど説明してもし足りない。ウクライナは旧ソ連で第3位の国土面積（約60万平方キロメートル）、第2位の人口（約4373万人）、同じく第2位の国内総生産（2020年時点で約1983億ドル）を誇る大国である、というのがその第一点だ。ソ連崩壊後の空間をロシアにとっての「勢力圏」とみなし、自国の強い影響力が及ばなければならないと考えるプーチンにとって、ウクライナは欠くべからざるピースであったと言えるだろう。

第二に、プーチンは民族主義的な観点からウクライナに強く執着してきた。第二次ロシア・ウクライナ戦争が始まる7カ月ほど前の2021年7月12日に公表されたプーチンの論文「ロシア人とウクライナ人の歴史的一体性について」は、この点を端的に示すものとして注目される。

この論文においてプーチンは、ロシア人、ウクライナ人、そしてベラルーシ人は古代ルーシの継承者であり、ウクライナというのはその中の一地方、ウクライナ人とはルーシ辺境の防人という意味で使われていた言葉であると述べる。つまり、ベラルーシ人もウクライナ人も同じ「ルーシの民」であり不可分だというのがプーチンの主張であるわけだが、同人はさらに、ソ連政権がここに「時限爆弾」を埋め込んだと述べる。ロシア帝国から受け継いだ広大な領域を、各地域で多数を占める「基幹民族」中心の民族別共和国の連合体として構成すると決定したことがそれである。したがって、ベラルーシとかウクライナという単位はソ連政府が人為的に作り出した「発明品」に過ぎず、ルーシの民を分断する結果をもたらし、ソ連崩壊によって完全に別の国家になってしまった――つまり、現在のベラルーシやウクライナがロシアと別の国家であるのは「手違い」だということだ。

もちろん、ソ連崩壊は歴史的事実であり、ロシア政府はこの点を正式に認めている。しかし、プーチンによれば、2014年のマイダン革命によって状況は変わった。西側の手先と成り下がったウクライナ政府は、ロシアとの歴史的つながりを否定し、富を西側に横流しし、ロシア系住民を弾圧するようになった、というのである。またプーチンは、ウクライナが軍事的にNATOの監督下に置かれており、正式にNATOに加盟してはいないもののその前哨基地になっているとも主張する。

このようにマイダン革命を「ルーシ民族分断のための西側の陰謀」とみなしたプーチンは、その直後にウクライナに対する介入を開始した。第一次ロシア・ウクライナ戦争の始まりである。しかも、これは単なる軍事的侵略ではなく、大規模な情報戦を伴うものであった。

2014年2月25日深夜、ロシア軍参謀本部直轄の精鋭特殊部隊「セネーシュ」は、クリミア半島内の主要な行政機関や立法府、軍事施設などと並行してマスコミやインターネットサービスプロバイダーを占拠し、ウクライナ本土からの情報を遮断した。こうして公式情報に接することができなくなったクリミア半島の住民たちに対して、ロシアは偽情報を浴びせかけた。その内容はこれまで述べてきたとおりで、マイダン革命は西側の陰謀である、政変後に成立した暫定政権はネオナチでありロシア系住民を虐殺するつもりだ、そこから逃れるためにはロシアに頼るしかない……といったものであったが、ここで重要なのは、偽情報に対する防壁が当時のウクライナには存在しなかったことである。

ウクライナ国民のうち、ウクライナ語を母語とする人々は7割弱であり、残りの多くにとっての母語はロシア語だった。この割合はロシア系住民の多い東部から南部で特に高く、多くの州ではロシア語話者とウクライナ語話者の比率はほぼ同等、クリミアに至っては前者が圧倒的に多数を占めていた。したがって、後述するロシアのプロパガンダ機関は、自らの母語で情報戦を展開できたことになる。また、当時のウクライナではロシアのSNSである

「フ・コンタクチェ（VK）」が約2000万人ものユーザーを得ており、これは全ウクライナ国民の半数近くに相当した。

このような状況に早い段階から気づいていたロシア政府は、マイダン革命が勃発するおよそ半年前の2013年夏頃からウクライナでの世論操作を組織的に行うためのプロジェクトを立ち上げていたとされる。一般市民の中から金でトロール（ネット工作員）を集め、ネット世論を操作する「トロール工場」である。その運営にはヴャチェスラフ・ヴォロディン大統領府副長官が責任を負い、運営費はプーチン大統領に近い実業家のエフゲニー・プリゴジン[6]から出ていたというから、完全に政府ぐるみの大規模プロジェクトであったと言えるだろう。ただし、形式上、このトロール工場は株式会社ということになっており、「インターネット・リサーチ・エージェンシー（IRA）」なる社名を掲げていた。

同社は当初、サンクトペテルブルグ郊外のオリギノにオフィスを構えたが、森の中に歴史地区や住宅が立ち並ぶこの閑静なエリアに長くとどまることはなかった。2013年秋以降、EUと連携協定を結ぶことの是非をめぐってウクライナ内政は不安定化の一途を辿っており、

6　プリゴジンは外食産業をきっかけとしてプーチンとの関係を築いたことから「プーチンのシェフ」などと呼ばれることが多い。もっとも、これはカバーストーリーに過ぎず、実際にはプーチンがサンクトペテルブルグ副市長であった当時にカジノ経営に乗り出したプリゴジンが一種の共犯関係を築いたという見方もある（Новая газета, 2011.9.2.）。

翌2014年2月にはマイダン革命とロシアの軍事介入という事態に至ったからである。そこでIRAはオフィスをサンクトペテルブルグ市内のサブシキン通り沿いにある大きなビルに移し、トロールの数も250人まで増加させて、現実の戦争と同期した情報戦に本腰を入れ始めた。

彼らの「業務内容」については、世界中のジャーナリストの貢献によって既にかなりのことがわかっている。例えばジャーナリストのデイヴィッド・パトリカラコスによると、IRA内部には「ニュース部門」、「ソーシャルメディア部門」など幾つかの部門が設けられており、前者の下には「ウクライナ1」、「ウクライナ2」といったプロジェクトが作られていたという。各プロジェクトの仕事は、ロシア政府が運営するニュースメディアに事実を歪めた記事を投稿したり、ロシア政府の主張を広め、ウクライナ政府の情報を虚偽だとこき下ろす「独自記事」を執筆することだった。一方、後者の仕事は名前のとおりで、SNSやブログの投稿が主であったとされる。トロールたちの背景はさまざまで、古川英治によれば、タウン誌の記者、失業者、ネットメディア編集者から成っていたというから、パナーリンのいう情報作戦部隊そのものであった。

また、ロシア政府が流したのは偽情報だけではない。コンプロマートの手法はここでも用いられた。マイダン革命後、当時のヴィクトリア・ヌーランド米大統領補佐官（ヨーロッパ・ユーラシア問題担当）が同じく米国のジェフリー・パイアット駐ウクライナ大使との間で交わした通話記録を公開したのである。この中にはＥＵのウクライナ政策に不満を持つヌーランドが「ＥＵはクソッタレ（Fuck the EU）」と罵る様子や、暫定政権のメンバーを誰にすべきかを居丈高に品定めする様子が含まれていた。通話記録をどうやって入手したのかは例によって明らかでないが、マイダン革命は米国の陰謀である、という主張に裏付けを与えるとともに、米国とウクライナの分断を図ろうとする意図があったことは明らかだろう。

また、ロシアがコンプロマートの標的としてヌーランドを選んだのは偶然ではない、とサンガーは述べている。ソ連系ユダヤ人を祖父に持つヌーランドは対露強硬派として知られ、ＮＡＴＯ大使時代には対ロシアで結束するよう欧州諸国を促す役回りを演じた上、２０１１年の下院選当時はクリントン国務長官の報道官を務めていたという経歴の持ち主であったからだ。しかも、ヌーランドはマイダン革命当時、キーウを訪れてデモ隊に手作りクッキーまで配って回るという派手なパフォーマンスにも及んでいたから、プーチンにとっては「第五列」の総指揮官、旧ソ連の「勢力圏」にカラー革命を起こして回る黒幕と見えていたはずである。

そして「2016」へ

以上で紹介した二つの事例は、２０１６年のロシア・ゲートといくつかの共通性を有している。特に顕著なのは、コンプロマートによってターゲットの不都合な情報を開示し、ネット上で広く人々の反感を買うという手法であろう。

「2016」の場合、これはロシア軍参謀本部情報総局(GRU)のハッカー部隊による広範なサイバー攻撃という形で実行された。米民主党議会選挙委員会(DCCC)、米民主党全国委員会(DNC)、民主党の大統領候補であったヒラリー・クリントン国務長官の事務所などに大量のフィッシングメールを送り付け、選挙関係者の機微な情報を盗み出したのである。この中には、クリントン陣営がイリノイ州予備選の日程を自分達に有利になるよう変更しようとしていたこと、クリントン候補がシリア紛争に「秘密介入すべきだ」と考えていたこと、中国が北朝鮮を制止できないならば軍艦で取り囲むべきだと話していたこと、クリントン陣営の広報官が「カトリックの信仰が劣化している」とメールで書き送っていたことなどが含まれていた。これらのやりとりは暴露サイトDCLeaks.com(GRU関係機関が設置したとされている)やWikiLeaks上で暴露され、クリントン陣営にとって大きな逆風となった。

もう一つの共通点は、IRAによるネット上での世論工作だ。ウクライナ出身のジャーナリスト、ピーター・ポメランツェフによると、IRAは黒人の権利擁護を唱える「ブラック・ライブズ・マター(BLM)」運動の支持者を装ってトランプへの投票を呼びかけたり、トランプ支持派を焚き付けてクリントン候補を中傷するデモ行進を組織させたとされる。米国社会が長らく抱えてきた黒人の権利問題がBLM運動によって顕在化したのを好機と見て、社会の分断を煽ろうとしたことは明らかであろう。

しかも、ロシアのターゲットはＢＬＭだけではなかった。２０１７年に米下院情報委員会が行った公聴会で明らかになったのは、ロシアの情報戦はイスラム、銃を持つ権利、性的多様性など多くのトピックにわたっており、しかも各トピックに関して対立し合う立場の双方に訴求するような情報を拡散していたという事実である。例えばイスラム系移民を受け入れようとする側とこれを排斥しようとする側の双方が怒りを掻き立てられるような投稿、広告、ネットミームを拡散するという手法だ。ニューヨーク大学で心理学を教えるジェイ・ヴァン・バヴェル准教授が述べるように、これらの情報戦は「実際に議論の口火を切る」ことで米国民が「互いを敵視する」ようになることを狙ったものであった。

しかも、ＩＲＡは米国大統領選への干渉に先立って自社の社員やデータアナリストを米国に派遣し、いわゆるスイング・ステート（選挙の鍵を握る激戦州）で何が人々の関心を呼ぶトピックなのかを綿密に調査していたとされる。いずれにしても、「２０１６」は決してロシアの気まぐれな干渉などではなく、念入りな戦略の下に計画されたものであると言えるだろう。

成就した理論家の予言

個々人ではなく、大衆の心理を利用することで大きな効果を狙う――これはまさにメッスネルが自らの反乱戦争理論で中核に据えた手法である。ただ、米ランド研究所のクリストファー・ポールとミリアム・マシューズによると、ロシアが現に行っている情報戦は、現代的な社会心理学を応用した、より洗練されたものだ。その具体的な特徴は次のとおりである。

マルチ・チャンネル化とボリューム効果の利用

・大量のニュースサイトやSNSアカウントを作成して偽情報を発信し、「多数の情報源がそういっているのだから信頼性がある」と思わせる
・当該の情報を多くのユーザーが支持しているように見せることで信頼性を装う
・当該情報を情報受信者と同じような属性を持つ人が支持していると思わせることで信用しやすくさせる

迅速性・継続性・反復性の利用

・ある事態が発生してからすぐ、あるいは事態が発生する前に情報を迅速に発信する（情報受信者は、矛盾する情報の中で最初に受信した情報を信用する傾向がある）
・さらに情報を継続的に、反復して発信する（情報受信者は何度も接した情報を信用して世界観を構築してしまい、後から入ってきた情報はあまり信用しない）

客観的現実との乖離

・役者などを使って現実とは全く異なる偽情報をでっち上げ、拡散する
・一見、きちんとしたメディアのように見える偽情報源を作り出す

・権威ある人物の見解を歪めて伝える
・情報受信者は、客観的現実でなくても、自分の世界観に合致する情報や、怒りを掻き立てる情報を受容するという性質を利用する

情報の非一貫性がもたらす効果

・それぞれに矛盾した情報を複数のチャンネルから流す
・情報受信者は情報の矛盾に対して「真実」を知りたいという欲求を持つ。ここでより説得力のあるように見える偽情報を拡散することで「真実」として受け入れられやすくなる
・情報の矛盾は、その問題について深く検討した結果であるとみなされ、むしろ信頼性が高いとみなされる

つまり、ロシアの情報戦が狙っているのは人々の認識を180度逆転させることではなく、大量の偽情報を複数のチャンネルから継続的・反復的に浴びせかけることによって何が事実なのかわからない状況を作り出すことなのである。

また、元米海軍軍人で現在は米海軍大学院国家安全保障学部講師を務めるスコット・ジャスパーは、さまざまな手法の巧みな組み合わせがロシアの情報戦の大きな特徴であると述べている。偽情報や歪められた真実を拡散することと並行して、サイバー攻撃などで盗み出し

た不都合な真実（例えばネムツォフ、ヌーランド、クリントンらの私的な会話）を暴露することにより、自国の体制や政治的価値観を信じられなくすることを狙う、というものだ。これがメッスネルのいう「行いによるプロパガンダ」という概念にぴったり付合することは明らかであろう。情報操作によって多くのクリミア住民がロシアへの併合に賛成票を投じたり、大統領選をめぐってロシアの介入が取り沙汰されるような状況を作り出すこと。それ自体が一種のプロパガンダとして機能するのであって、ロシアの究極的な目標はここにあったと言えるかもしれない。

情報という「怪物」

生物兵器との類似性

小林信彦の小説に『怪物がめざめる夜』という作品がある。主人公である放送作家が作り出した架空のラジオDJがカルト的な人気を博し、やがてコントロール不能になって、最後には自分に牙を剝くというストーリーである。同書はインターネット時代の到来前に書かれたものであるが、情報というものの性質を非常によく表した寓話と言える。

これをパナーリンのいう情報戦争に当てはめて考えると、そこで「兵器」として用いられる情報は、物理空間におけるそれとは全く違う。例えば小銃の弾丸が概ね狙った方向へ一直線に飛んでいくのに対して、情報はどこへでも流れていくし、その速度や広がりを完全に制御することはできない。したがって、情報兵器に近い性質を持つのは、放たれた先で増殖していく生物兵器ではないだろうか。

実際、ロシアはこれとよく似た状況に置かれている。冷戦末期の1980年代、ソ連のKGBは「エイズウイルスは生物兵器として米国によって開発された」という偽情報を広めることを目的とした作戦を展開した。[7] その目的は、米国の社会を混乱させることであったとされており、近年でも新型コロナウイルスのワクチンを接種すると健康を害する、奇形児が生まれる、5Gに接続されて米国に思考をコントロールされるといった偽情報を広めていることが知られている。ロシアはこうした情報戦をジョージア、カザフスタン、ウクライナといった旧ソ連諸国でも展開しているとされ、その目的は米国の信用を貶めることであると考えられる。

つまり、ロシアは生物兵器的な性格を持つ情報を「米国の生物兵器」というナラティブで行使しているということになるが、既に述べたように、一度放たれた情報はコントロールしきれるものではない。旧ソ連諸国においてロシア語で偽情報が広まっていくということは、それがロシアの情報空間にも影響しかねないということだ。

ロシアは世界初のコロナウイルス用ワクチン「スプートニクV」を開発しながら、国民のワクチン接種率は非常に低い。統計によると、2022年初頭の段階でさえワクチンを1回以上接種したロシア国民の割合は5割をやや上回る程度に留まっており、2回以上接種した人は46・5%に過ぎなかった。この割合は本稿の執筆時点（2022年8月半ば）時点でさえそれぞれ57・3%と52・2%であり、国民の約4割は一度もワクチン接種を行っていないということになる。

その背景には公衆衛生リソースの不足という要因もあろうが、より深刻なのは国民がワクチンを打ちたがらないことである。ワクチンを打つか、との問いに対して「打ちたくない」

と答える国民の割合が非常に多いことは各種世論調査でも繰り返し確認されており、政府がどれほど接種を奨励しても、接種会場に足を運ぶ人自体はなかなか増えない。

果たしてロシアの展開した偽情報戦が回り回ってロシアで増殖しているのかどうか。この点についてはまだ統計的に確認できていないが、筆者の個人的な感覚としてはその可能性は低くないように思われる。筆者自身が知るかなりのロシア人が、「ワクチンを子供に打たせると自閉症になる」「副作用で死ぬ」といった疑念を口にするところに、何度となく遭遇してきたためである。もしもその出元がロシア自身の偽情報作戦であるなら、これほど皮肉な話はあるまい。

反撃を受けるロシア

しかも、情報戦争は国家でなければ遂行できないというものではない。パナーリンが挙げる「情報作戦部隊」の構成要素――外交官、専門家、ジャーナリスト、作家、出版社、翻訳

7　一般にこの作戦の名称は「インフェクツィヤ（感染症）」だったとされることが多いが、実際には「デンヴァー」作戦であったということが近年の公刊情報調査で明らかになっている（Selvage and Nehring, 2019）。

家、オペレーター、通信要員、Ｗｅｂデザイナー、ハッカーその他――の大部分は非国家主体であり、その気になれば民間人が集まって「情報作戦部隊」を作ることもできるだろう。

　こうした可能性を実地に証明してみせたのが、エリオット・ヒギンズである。この英国人は、大学を中退した後に職を転々としつつ、個人的興味で中東の紛争地域で起きていることを公開情報から読み解くという方法を独自に開発した。対立する勢力同士が発信する映像や画像を分析し、衛星画像などと見比べながら、実際に何が起きているのかを明らかにする――この手法は現地取材の難しい紛争地域の実相を明らかにする上で絶大な威力を発揮し、例えばシリア紛争においてアサド政権軍が民間人に対してクラスター爆弾や「樽爆弾」、さらには化学兵器による無差別殺戮を行っていることを突き止めるに至った。さらにヒギンズは、虐殺を行っているのはむしろ反体制側であるというアサド政権側の主張が虚偽であることも現地発の映像証拠に基づいて次々と暴いていく。これらの知見はやがて有力メディアに取り上げられ、あるいはＳＮＳ上で拡散されていった。

　こうして国際的な知名度を得たヒギンズの周りには、著名なジャーナリストや兵器専門家から無名のオタクまでが集まるようになり、緩やかなネットワークが形成されていった。ＩＲＡがロシアによる官製情報作戦部隊であるとするなら、こちらはその手弁当版ということになろう。ヒギンズの「手弁当版情報作戦部隊」は、現在では公開情報調査団体「ベリング・キャット」として国際的に知られている。

その「ベリング・キャット」がロシアと対決することになったのは、２０１４年7月のことだった。当時、ウクライナ東部のドンバス地方ではロシアとの最初の戦争が始まっていたが、その上空でマレーシア航空17便が何者かに撃墜されたのである。当該機には乗客・乗員２９８名が搭乗していたが、生存者は一人もいなかった。

ロシア軍ないし親露派武装勢力による誤射が強く疑われたが、ここでロシア政府は事件発生後の早い段階から、大量の偽情報を拡散した。マレーシア航空17便を撃墜したのはウクライナ軍のブーク地対空ミサイルである。飛行機にはあらかじめ大量の死体が積み込まれており、これを撃墜してみせることでロシア非難の材料を作り出そうとしているのである。撃墜に使われたのはブークではなくウクライナ軍のＳｕ-25攻撃機である。ウクライナ軍はプーチン大統領の乗った政府専用機と誤解してマレーシア機を撃墜してしまったのだ……といったあたりが主な内容で、これらの互いに矛盾する情報はロシアの国営メディアやＳＮＳ上で大規模に拡散された。

これに対して「ベリング・キャット」の面々は、公開情報を頼りにロシアの嘘を一つ一つ暴いていった。その詳細についてはヒギンズの著書『ベリングキャット』に詳しいのでここでは繰り返さないが、撃墜された機体の被弾箇所、ドライブレコーダーや監視カメラの映像、ＳＮＳ上にロシア軍人が投稿した自撮りに至るまでを幅広く収集し、さらには技術資料や衛星画像、影の長さで撮影時刻を特定するアプリなどを駆使して、撃墜に使われたのはロシア軍から親露派武装勢力に提供されたブーク防空システムであることを突き止めたのである。
インターネットの登場は、あらゆる組織や個人が情報発信力を手にするという状況を作り出した。ということは、メッスネルやパナーリンが考えた「情報による戦争」はもはや国家の専売特許ではなくなり、国家と非国家主体、あるいは非国家主体同士が激しい情報戦を展開しうるということである。また、こうした闘争では、双方が偽情報を駆使することもあれば、一方（あるいは双方）が敵対相手にとって不都合な事実を暴露するという形態もありうる。マレーシア航空17便撃墜事件をめぐるロシアと「ベリング・キャット」の戦いは、非国家主体が事実の力でそうした闘争を制した事例と言えるだろう。

参考資料

・デービッド・サンガー『世界の覇権が一気に変わる：サイバー完全兵器』朝日新聞出版、２０１９年
・デイヴィッド・パトリカラコス『１４０字の戦争：ＳＮＳが戦場を変えた』早川書房、２０１９年
・古川英治『破壊戦：新冷戦時代の秘密工作』ＫＡＤＯＫＡＷＡ、２０２０年
・Bagge, Daniel P., *Unmasking Maskirovka: Russia's Cyber Influence Operations*, Defense Press, 2019.
・ピーター・ポメランツェフ『嘘と拡散の世紀：「われわれ」と「彼ら」の情報戦争』原書房、２０２０年
・『BBC NEWS JAPAN』２０１６年10月7日、https://www.bbc.com/japanese/37675146
・*CNN*, October 17, 2017, https://edition.cnn.com/2017/10/17/politics/russian-oligarch-putin-chef-troll-factory/index.html

- *Contaminated Trust: Public Health Disinformation and Its Societal Impacts in Georgia, Kazakhstan and Ukraine,* The Critical Mass, 2021.
- Higgins, Eliot. *We Are Bellingcat: Global Crime, Online Sleuths, and the Bold Future of News,* Bloomsbury Pub Plc USA, 2021.
- Jasper, Scott. *Russian Cyber Operations: Coding the Boundaries of Conflict,* Georgetown University Press, 2020.
- Kofman, Michael, Katya Migacheva, Brian Nichiporuk, Andrew Radin, Olesya Tkacheva, Jenny Oberholtzer. *Lessons from Russia's Operations in Crimea and Eastern Ukraine,* RAND Corporation, 2017.
- *Lenta.ru,* December 20, 2011, https://lenta.ru/articles/2011/12/20/life
- McFaul, Michael. *From Cold War to Hot Peace: The Inside Story of Russia and America,* Penguin Books, 2019（マイケル・マクフォール著、松島芳彦訳『冷たい戦争から熱い平和へ　プーチンとオバマ、トランプの米露外交　下』白水社、２０２０年）.
- *The Moscow Times,* October 20, 2013, https://www.themoscowtimes.com/2013/10/20/kremlin-helps-media-moguls-expand-a28748
- Selvage, Douglas and Christopher Nehring, "Operation 'Denver': KGB and Stasi Disinformation regarding AIDS," *Sources and Methods,* Wilson Center, July 22, 2019, https://www.wilsoncenter.org/blog-post/operation-denver-kgb-and-stasi-disinformation-regarding-aids
- Soldatov, Andrei and Irina Borogan, *The Red Web: The Struggle Between Russia's Digital Dictators and the New Online Revolutionaries,* Public Affairs, 2015.
- *The Wall Street Journal,* December 29, 2008, https://www.wsj.com/articles/SB123051100709638419
- 『WIRED』２０１７年11月25日、https://wired.jp/2017/11/25/russia-fake-online-ads
- Администрация Президента Российской Федерации, Июль 7, 2022, http://kremlin.ru/events/president/news/68836
- Администрация Президента Российской Федерации, Июль 12, 2021, http://kremlin.ru/events/

president/news/66181
- Администрация Президента Российской Федерации, Октябрь 22, 2020, http://kremlin.ru/events/president/news/64261
- Военный университет, *хочешь мира, победи мятежевойну! Творческое наследие Е.Э. Месснера,* Российский военный сборник, Выпуск 21, 2005, http://militera.lib.ru/science/0/pdf/messner_ea01.pdf
- *Новая газета,* Сентябрь 2, 2011, https://novayagazeta.ru/articles/2011/09/01/45715-kto-takoy-prigozhin
- Панарин, Игорь, *Гибридная война: теория и практика,* Горячая линия – телеком, 2020.
- Панарин, Игорь, *Информационная война и геополитика,* Поколение, 2006.
- Путин, Владимир, "Россия и меняющийся ми," *Российская газета – Неделя,* No.45 (5718), Февраль 27, 2012, https://rg.ru/2012/02/27/putin-politika.html
- *РБК,* Декабрь 18, 2014, https://www.rbc.ru/rbcfreenews/5492b0f39a79476474d006d8
- *РИА Новости,* Март 16, 2022, https://ria.ru/20220316/zapad-1778488458.html

第4章

ポスト「2016」の世界

――ロシア・ウクライナ戦争までの情報戦の成功と失敗

小泉悠
桒原響子

２０２０年米国大統領選をめぐる混乱――小泉

「前方防衛」で対抗

今度は「２０１６」を経た現在の世界について見ていくことにしたい。まず取り上げるのは、２０２０年11月に実施された米国大統領選の事例である。

この選挙では、自らが一種のフェイクニュース発信源であったドナルド・トランプが大統領の座から滑り落ち、民主党のジョー・バイデンが大統領に就任した。「２０１６」ではロシアがオバマ政権を敵視し、中でもクリントン国務長官とその周辺が標的になったことを紹介したが、この意味ではバイデンの当選は非常に面白くない事態であっただろう。バイデンはオバマ政権で副大統領を務めた人物であり、ロシアに対しては前政権よりもずっと厳しい態度で臨んでくることが容易に予想されたためである。

しかし、その割には２０２０年の大統領選に対するロシアの介入はあまり目立ったものではなかった――より正確に言うと、あまりうまくいかなかった。２０２１年3月に米国家情報官室（ＯＤＮＩ）が公表した報告書によると、ロシア政府はプーチン大統領の承認の下、トランプ大統領の再選を狙ってバイデンの信用を貶める情報を拡散しようと試みたようだが、全体としては「２０１６」のような分断と混乱を米国社会に引き起こすことはできなかった。『ニューヨークタイムズ』の調査によると、ＩＲＡは4年間で情報戦の手法に磨きをかけており、ＡＩ翻訳を駆使してより自然な英語を使ったり（「２０１６」ではロシアのトロールが投稿した英語の多くに文法上の誤りが含まれていた）、人目につきやすい全国紙よりも地元紙をターゲットにするなど、彼らなりに工夫を凝らしたようではある。だが、結果は上記のとおりであった。

その要因はさまざまに考えられよう。「２０１６」を経験した米国社会がディスインフォメーションに対して一定の耐性を獲得していたというのがその第一である。大手ＳＮＳを運営するプラットフォーマーも、あからさまなディスインフォメーションを削除したり、こうした情報を拡散するアカウントを凍結するなどの措置を取った。

米国政府の対応も改善された。ＩＲＡやその後ろ盾であるプリゴジンら7団体・8個人を制裁対象に指定するとともに、ロシアが情報作戦を展開する前にその能力を叩いてしまう前方防衛（フォワード・ディフェンス）の考え方が取り入れられるようになったのである。そのテスト・ケースとなった２０１8年の中間選挙では、「ＩＲＡを基本的にオフラインにした」「シャットダウンした」とされているので、おそらく大規模なサイバー攻撃などによって中間選挙期間中にロシアのトロール工場が活動できないようにしてしまったのだろう。

トランプのクーデター未遂？

このようにして比較的平穏に終わったかに見えた2020年の米国大統領選だが、驚かされたのはその後の展開だった。

後に米下院特別調査委員会が開いた公聴会でウイリアム・バー前司法長官が証言したところによると、トランプ大統領はかねてより2020年の大統領選で不正があったと主張し、もはや側近の声にも耳を貸さなくなっていたとされる。

こうしてトランプは投票日翌日の11月4日、「選挙は不正だった」として、勝手に勝利を宣言。さらに翌年1月6日には、自らの主張に同調する国民を首都ワシントンD.C.に集めて「議事堂へ行こう」と檄を飛ばした。当時、連邦議事堂ではバイデンの大統領当選を最終的に確定するための上下両院合同会議が開催されている最中であった。

トランプが本当に実力で選挙結果をひっくり返そうとしていたのかどうかについては、未だに結論は出ていない。しかし、この演説に刺激された集会参加者は文字どおり連邦議事堂へと乱入し、警備の警官隊による制止を押し切って一時的に占拠してしまった。彼らは出動した州兵によって比較的短時間で排除されたが、米国の連邦議事堂が占拠されるのは約200年ぶり（米英戦争の際の英国軍による攻撃以来）とされ、米国社会に強いショックを与えた。

陰謀論と情報戦の結び付き

この際、連邦議事堂を占拠した群衆は800人にも上ったとみられるが、ここには陰謀論的な世界観を信じる極右集団がかなりの割合で混じっていた。特に目立ったのはQアノンと呼ばれる人々である。特定の組織を持つわけではないが、政府の秘密情報にアクセスする権限を持つと主張するネットユーザー（通称「Q」）の言説を信じる点で共通している。

その「Q」によると、この世界には民主的に選ばれた政府とは別に民主党の要人や著名人による「影の政府（ディープステート）」が存在し、彼らは悪魔崇拝者・幼児性愛者の集団である。また、「Q」は、ディープステートが子供たちの血から向精神薬を作り出しているとか、新型コロナウイルスは人工ウイルスであるとも主張しており、それゆえに製薬会社を敵視する。こうした世界観に共鳴したQアノンたちは、トランプこそがディープステートから世界を救う英雄であるとみなす一方、バイデンの大統領当選はディープステートによって操作された不正選挙であったと信じて自国の連邦議事堂を占拠したわけである。

この際にQアノンたちが信じた陰謀論として特に有名なのは、米国の一部の州で電子投票や選挙結果のオンライン表示などに使用されたスペイン製選挙管理システムをめぐるものがある。Qアノンの間では同社のサーバーがドイツのフランクフルトに置かれており、そこにはトランプの勝利が不正に歪められた証拠が収められているとか、米陸軍がこのサーバーを押収したとかいった話が選挙直後から幅広く拡散されていた。実際には、共和党の一下院議員が「本当かどうか知らないが」と言って流したいい加減な噂話に過ぎなかったようだが、それが一気に加速して米国を揺るがす一大事件に発展してしまったわけである。

さらに興味深いのが、ロシアの情報戦がQアノンを利用しているらしいことだ。調査会社グラフィカによると、インターネット空間ではロシア政府とつながりがあるとみられるアカウントが「Q」の主張を盛んに拡散し、これによって米国世論が不安定化すると、今度はロシア国営メディアが「米国は分断化が進み、崩壊しつつある」などと報じていることが確認されたという。「2016」では人種、宗教、性的多様性、銃の所持などがロシアによる情報戦がターゲットとする分断線であったことは既に述べたが、2020年大統領選ではここに陰謀論が加わったということになろう。

ロシアのウクライナ侵攻と情報戦

「2014」の再演はならず——小泉

ロシアは、2022年のウクライナ侵攻に際しても情報戦を展開した。その筆頭に挙げられるのは、開戦3日前の2月21日と開戦当日の2月24日にプーチン大統領が行った演説である。いわく、現在のウクライナ政府は西側に支援されたクーデターで成立した違法な権力である。いわく、彼らはネオナチ思想に毒されており、ロシア系住民を迫害・虐殺している。いわく、ウクライナ政府は西側の後押しを得て核兵器を密かに開発している、といったあたりが主なところであり、開戦後にはここに「ウクライナには米国の生物兵器研究施設が置かれている」という主張が加わった。

これに加え、開戦後のロシアは、情報空間の統制を一挙に強化した。ウクライナ侵攻に関してロシア軍に関して政府に都合の悪い情報を流布した場合、最長15年の懲役刑を科す法律が制定されたことはその典型例である。さらにロシア政府は、ツイッターやフェイスブックといった西側のSNSを遮断し、それを回避するためのVPNの使用まで違法化した。

しかし、こうしたロシアの試みはあまり大きな成果を挙げたとは言い難い。その最大の要因として指摘できるのは、ウクライナという国家に対する認識の甘さである。繰り返し述べてきたとおり、「２０１６」は米国社会の分断線を的確に把握し、国民の間に不信と敵対心を燃え広がらせるという手法が採用された。その主な舞台となったのがＳＮＳの投稿やそこに表示されるネット広告であったわけだが、このような方法は２０２２年のウクライナには通用しなかった。

第一に、ロシア政府はウクライナの世論を完全に読み誤っていた。報じられるところによると、今回の侵攻に先立ってはＦＳＢ第５局がウクライナの要人や保安機関・検察機関を買収する任務を担っていたとされる。この過程で、同局は、ロシアが侵攻に及んだ場合に相当の反発をウクライナ国民から受けるであろうことに気づいていたようだが、プーチンに対してはごく楽観的な見積りしか伝えていなかった。

第二に、ウクライナは２０１４年以降、ロシアの情報戦に対する耐性をつけていた。ここには、「フ・コンタクチェ（ＶＫ）」や「アドナクラスニキ」といったロシアのＳＮＳに対するアクセス遮断や、親露派テレビ局の閉鎖といった措置が含まれる。

第三に、ロシアの侵攻が引き起こした事態は、あらゆるプロパガンダを完全に無力化してしまった。無差別砲爆撃で子供たちが殺され、街が廃墟になる様子を前にしては、ロシアがどのようなディスインフォメーションを発信しようともはや効果はなかった。「ゼレンスキー政権はネオナチだ」といったナラティブはブーメランのように戻り、プーチン大統領こそがヒトラーではないかという見方が西側諸国の中で高まってしまったのである。あるいは、メッスネルが描いた「行いによるプロパガンダ」を自らが不利になるように行ってしまったのがプーチンである、ということになるのかもしれない。

世界中の世論の後押しにより、国際社会による対ロシア制裁は大幅に強化された。金融面では、ＥＵなどがプーチン大統領やその側近の資産を凍結したほか、当初、ドイツなどが慎重だったＳＷＩＦＴについても、ロシア排除に踏み切った。また、ＥＵは領空へのロシア航空機の乗り入れ禁止などの追加制裁を科し、さらには、これまで武器輸出を厳格に管理してきたドイツまでがウクライナへの武器供与を決めた。

プーチンの誤算――桒原

今回の情報戦におけるロシアの誤算の中で、最も大きかったと言えるのが、プーチン大統領がゼレンスキー大統領について過小評価していた点であろう。ゼレンスキー大統領は今回の危機に瀕し、強力なリーダーへと大化けした。おそらくプーチン大統領は、ゼレンスキー大統領がコメディアン出身の政治の素人であり、リーダーとしては弱いと軽んじ、キーウの陥落も容易だと踏んでいたのだろう。ゼレンスキー大統領はすぐに国外に逃げるだろうといったディスインフォメーションもロシアから流されていた。

しかしゼレンスキー大統領は、「自分はロシアの暗殺リスト・ナンバーワンとなっている」としつつ、「ウクライナにいて国を守る」と主張し、ウクライナ国民に共に戦うことを呼びかけるなど、国民を鼓舞するメッセージを発信し続けた。その際、ソーシャルメディアなどを駆使し、自撮りの映像で訴えかけるという現代版の情報発信を展開した。

このゼレンスキー大統領の呼びかけに応じ、ウクライナ国民は立ち上がり、ロシアに徹底抗戦する機運が高まることとなり、結果、ロシア軍が早期にキーウを陥落させるという作戦が頓挫したのだった。

しかもゼレンスキー大統領は、ウクライナ国民のみならず、世界の世論に対する働きかけにおいても相当な努力を払っており、それが一定の成果を収めていることも、プーチン大統領にとっては予想外だっただろう。ゼレンスキー大統領は、ロシアによるウクライナ侵攻の中にあって、各国からのウクライナ支持・支援を勝ち取るため、欧米諸国の議会において積極的に演説を行ってきた。英国、カナダ、ドイツ、米国、イスラエル、イタリアなどに続き、2022年3月23日の午後6時（日本時間）には、日本の国会でもオンライン演説を行った。

近年、国家にとって、自らの外交政策を有利に進める上で重要となっているのが、自らが発信するメッセージによって、自国世論のみならず、交渉相手国や世界の一般世論を味方につけることである。パブリック・ディプロマシーが外交手段として注目されるのもその所以である。

ゼレンスキー大統領は、ロシアによる侵略を受け、世界の世論を味方につけるため初期段階より極めて効果的なメッセージを発信し、一定の成功を収めた。その実態について見てみよう。ゼレンスキー大統領の対外発信戦略の手段には、大きく分けてSNS発信とオンライン演説がある。一つ目のSNS発信は、かねてよりロシアが対米情報戦などで多用してきた手段であるが、今回、ウクライナではロシアの情報戦に対抗するため、SNSが極めて効果的に活用されている。

ゼレンスキー大統領自らがSNSを用い、自撮りの動画で、ロシアは自分をマークし殺害を企てているが、「私たちはここにいる。ウクライナを守り続ける」と、国民と共に戦う決意を訴えかけた姿は、ウクライナ国民の心を揺さぶり、国民の結束を強固にし、世界中で反プーチン・ウクライナ支持現象を作り出した。こうした現象によって、かねてよりプーチン支持発言を繰り返していた米国のトランプ前大統領やFOXニュースのキャスターであるタッカー・カールソン氏も、世界の世論の動きに圧倒される形で、初期のプーチンに対する賞賛を撤回せざるを得ない状況へと追い込まれていった。

二つ目のオンライン演説は、「戦時下における大統領」というイメージを世界に向けて打ち出す効果があった。オンライン演説を行うことで、相手国の国民、そしてそれを視聴するウクライナ国民や世界中の人々に広く訴えかけたい狙いがあると考えられる。

手段には、能力が伴わなければならない。ゼレンスキー大統領は、SNS発信とオンライン演説、いずれの手段においても、①聴衆が「誰」であるかを把握し、②メッセージの内容を聴衆のニーズや関心事によってカスタマイズし、③「ウクライナで起きていることは、他人事ではなく、自らの問題なのだ」と聴衆に思わせる能力を効果的に組み合わせている。特にオンライン演説では、①〜③について熟考されていることがうかがえる。

各国の議会でのオンライン演説において、ゼレンスキー大統領は、それぞれの国民誰もが知っている歴史的な出来事を題材とし、印象的な言い回しによって、まるで「聴衆一人ひとり」に語りかけているような効果を生み出した。そして、相手国のメディアがスピーチの内容を大きく取り上げたことから、世論形成に大きな役割を果たす結果となった。2022年3月8日の英下院での演説では、チャーチル首相の戦時下での演説を想起させるように語りかけ、演説の翌日には、英国のウォレス国防相がウクライナに対戦車ミサイル1615発を追加供与すると表明した。また、3月16日の米議会での演説においては、「真珠湾攻撃や同時多発テロを思い起こしてほしい」と呼びかけつつ、「I have a dream（私には夢がある）」という言葉があるが、「I have a need（私には必要なものがある）」とキング牧師の言葉に触れ、「ウクライナの空を守る必要がある。あなた方の決断と助けが必要だ」と語りかけ、ウクライナ上空の飛行禁止区域の設定や、戦闘機の供与などの軍事支援、対露制裁強化を強く求めたのだった。この働きかけは米国の多くの議員の共鳴を呼び、その数時間後には、バイデン大統領が8億ドルの追加支援パッケージを発表するなどの効果を発揮した。

穏やかさが際立った日本の国会演説――桒原

日本の国会でのゼレンスキー演説の内容をめぐっては、ドイツ議会におけるゼレンスキー大統領の演説がドイツの対応の甘さを糾弾するなど厳しい内容であり、それゆえ日本へも厳しい注文も出るのではないかといった警戒感も示されていた。また、米議会での演説において真珠湾攻撃に言及したことに反発する声があり、どのような発言ぶりになるか大きな注目を集めていた。

しかし、実際の日本国民に向けた演説では、「争い」を想起させる言葉や強い要求の言葉は一切なく、むしろ穏やかで、ゼレンスキー大統領の日本に対する感謝の気持ちが前面に表れていた。ゼレンスキー大統領の発言ぶりからして、日本がこれまでウクライナに対して行ってきた支援などの対応が適切に評価されていることがよく表れた内容のスピーチだったとも言える。

演説の中で、ゼレンスキー大統領は、日本国民一人ひとりにとって「身近」であり、最も心に響きやすい言葉を選んだ。米議会などで使用した生々しい映像は一切使わず、日本人なら誰もが知っている「津波」「原発事故」「サリン事件」という言葉をちりばめ、一人ひとりが身近な問題や恐怖として記憶している出来事を、ウクライナ危機を重ね合わせる形で思い起こさせた。詳しく説明しなくとも伝わるという日本の「察する文化」を戦略的に活用し、ロシアの侵略を想起させる戦略だったとも言える。

さらに、日本の得意とする「復興」への支援を要請する形で、初めてウクライナの「復興」へ言及したこと、また、岸田文雄首相の主張する「国連改革」に合わせてか、国連安全保障理事会が機能しなかったことを念頭に、日本に国連改革を訴えたことも特徴的だった。

演説の後半になると、「故郷」「調和」「環境」「文化」といった言葉を用い、日本のソフトパワーに触れながら、日本文化に対する敬意を払い、いまやウクライナと日本の人々の心の間には距離がないことを印象づけるなど、穏やかに日本人の心に働きかけていった。日本独自の考え方や文化を尊重した日本人の心と精神にアプローチするゼレンスキー大統領のコミュニケーション戦略だったと言えよう。

このゼレンスキー大統領の演説は、日本政府の意思決定にも影響を及ぼした。演説の後、岸田首相は、ロシアに対するさらなる制裁と、1億ドルの人道支援に加え、追加の人道支援も考えていく方針を示すとともに、国連改革についても日本としてこれまで以上に取り組んでいく意向を示したのだった。

なぜ演説だけで一定の「成功」を収められたのか——桒原

ゼレンスキー大統領の対外発信戦略に対する評価が比較的高いのは、彼自身の戦略的コミュニケーション力の高さによるところも大きい。ゼレンスキー大統領を、第二次世界大戦において英国を率い勝利に導いたウィンストン・チャーチルに例えた専門家も少なくない。実際、相手国世論の心を勝ち取るために、相手国の関心事やニーズに合わせ、最も効果的な手法によって働きかけるゼレンスキー大統領の手腕には特記すべき点がある。

ゼレンスキー大統領は、政治家・リーダーとして異例の経歴の持ち主だ。かつて役者でありコメディアン、さらには舞台の脚本をも自ら手がけ、テレビ制作会社を共同で創設した人物である。おそらくプーチン大統領は、ウクライナ侵攻に際し、こうしたゼレンスキー大統領のバックグラウンドがリーダーとして弱い人物であると過小評価し、侵攻を早期に終わらせられると踏んでいたのだろう。

しかし、非常事態においてSNSなどの新しい情報通信技術を柔軟に活用し、簡潔明瞭かつ雄弁に聴衆に語りかけることで、聴衆の印象に強く残るようメッセージを発するゼレンスキー大統領の能力は、聴衆の大きな共感を呼び、危機に対処するための結束を強化することとなった。それが、ウクライナ国民のみならず、米国や欧州をはじめとする国際社会が一致団結しウクライナへの支持や支援を表明する大きな動きを生み出したのである。

とはいえ、ゼレンスキー大統領の対外発信戦略は、彼自身の能力のみの賜物だけではなく、いくつかの外的な要因がその成果に関わっていることも忘れてはならない。外的要因の一つには、ロシアの情報戦があまりにお粗末だったことがあるだろう。当初、プーチン大統領は、

「ウクライナとロシアは一つの国民だ」といったメッセージを発信し、ロシアの侵略はウクライナの非ナチス化のための行動だと主張した。そしてウクライナ政権が暴力的な政権だといった主張も行ったが、ロシアの軍事侵略の映像が世界に流されると、こうしたロシアの主張やウクライナ関連のディスインフォメーション・キャンペーンの多くが全く説得力を持つものではなく、むしろ逆効果であり、ゼレンスキー大統領の対外発信戦略を助ける結果となったと言えよう。いまや世界では、プーチン政権下のロシアが世界の言論空間を支配しているという神話が崩れてしまった。

これに加え、欧米を中心とする西側では、ウクライナが「善」、プーチンを「悪」とするナラティブが席巻したことも、ゼレンスキー大統領の対外発信戦略を支える要素の一つとなった。今回、プーチン「悪」のナラティブは、多くの国、とりわけ欧州諸国のロシア制裁強化に大きな効果を生み出している。

自らが発信するメッセージによって作り出すイメージが、実際の言動や政策を伴っていなければ、その戦略が成果を生むことができないことは、第2章でも指摘してきたとおりである。かつてのオバマ大統領のメッセージと政策がその一例である。2008年のオバマ政権誕生とともに、オバマ大統領（当時）はカイロ演説で中東政策を華々しく打ち出すなど、世界から大きな注目を集めたことで、世界から米国に対して向けられた期待値が一時的に上昇した。しかし、実際の対中東政策が、ブッシュ政権と大きく変わらないことが明らかになるにつれ、米国に対する見方が次第に厳しくなり、米国の対外発信戦略の試みは失敗に終わってしまったのだった。

ゼレンスキー大統領の対外発信戦略は、結果として西側の友好国の聴衆の心を勝ち取る外交の成功例の一つとなったと言える。そしてそのメッセージが現実の防衛・外交を動かしたという成果があった。ウクライナ軍の奮闘により、ロシア軍のウクライナ侵攻を食い止め、さらには欧米諸国を中心に強力なロシア制裁が課せられたのも、ゼレンスキー大統領の強力なメッセージに起因するところであったと言えよう。

スペイン語圏などに広がるロシアの情報戦――桒原

ゼレンスキー大統領としては、これまでの働きで勝ち取ってきた信頼をベースにしつつ、外交交渉でも強かな手腕を発揮したいところだが、相手はあのプーチン大統領であり、試練の日々が続くこととなろう。実際、ロシアの情報戦は、モスクワに拠点を置くニュース局RT（旧ロシア・トゥデイ）のような国営メディアを動員し、自らの主張を展開している。RTは、ロシアのプロパガンダ機関ともいわれ、アフリカや中南米にも及んでおり、世界的ネットワークを持つ。

ロシアがアフリカや中南米に対し展開する情報戦の具体的手法のうち、特に効果的なのは、

RTなどの国営メディアによる情報発信であろう。例えばEUでは、ロシアのウクライナ侵攻後に、RTや通信社であるSputnikの記事を欧州チャンネルストアから排除したが、RTのコンテンツはSNSやほかのウェブサイトで広く流布されている。特にスペイン語ユーザーなどをターゲットにしたロシアの情報戦は、ソーシャルメディア上で増加傾向にあるとも言われ、RTやSputnikは、ロシアのウクライナ侵攻の正当性について、ソーシャルメディアによって主張し拡散している。

RTに関しては、ロシアのウクライナ侵攻以前から、中南米メディアのメディアマーケットを中心に浸透していた。RTスペイン語サービスは中南米のスペイン語圏で急速に浸透し、現在ではなんと英語版よりもはるかに人気があり、フェイスブックのフォロワーは、2022年6月時点で1810万人を超えており（英語版は746万人）、同時点のツイッターのフォロワーは、スペイン語が352万人を超えている（英語版は309万人）。

これらの国や地域に対するロシアの情報戦の目的は、支持獲得というより、情報戦の対象となっている国々の国内の緊張を高め、非同盟の国々が反ロシアやウクライナ支持で連帯を示すのを妨害しようとすることにあるのだろう。そうした中、なぜロシアがスペイン語圏への発信を重視するのか。冷戦時代に経験した中南米の戦略的重要性が反映されているからだという専門家の指摘があるが、反米感情を抱いてきた国々におけるソーシャルメディア・ユーザーの情報空間にディスインフォメーションを流布することで、米国の対応に対する反感を増幅させようと試みているという見方もできよう。しかも、スペイン語は世界で最も広く使用されている言語の一つであり、国際世論形成において重要な割合を占めている。ロシアの情報戦は侮れず、その行方は、慎重に見ていく必要があろう。

ウクライナ報道の危うさ

報道されない西側の情報戦——栞原

ところで、今回のロシアのウクライナ侵攻においては、ロシアの情報戦ばかりが主要メディアの注目を集め、米国をはじめとする西側が発信する情報については、その真偽のチェックはほとんどされず、あまり注目されていない。最後に、米国をはじめとする西側の情報発信についても確認しておこう。

米国政府と米メディアは、これまでも敵対国に関する真偽不明の情報を根拠に、米国民や国際社会からの支持の獲得と自らの行動の正当化を行ってきた歴史がある。例えば、2001年の9・11同時多発テロ事件後には、サダム・フセインとアルカイダとの結びつきを喧伝し、イラクが大量破壊兵器を保有しており米国や国際社会にとって差し迫った脅威となっていると主張し、結果的にマスコミや世論を味方につけ、イラクへの武力行使に踏み切ったが、イラクに大量破壊兵器はなく、イラクとアルカイダとの関係も立証されなかった。こうした米国の主張がメディアの報道によって増幅され、世論のイラクへの敵対心を作り上げていったこともまた、周知の事実である。

今回も類似のパターンが出現しているとの指摘がある。一例として、プーチン大統領が精神的に病んでいるという欧米メディアの主張がある。欧米メディアはかねてよりプーチン大統領の精神状態について疑問視する傾向にあるが、ウクライナ侵攻後にはこうした傾向がますます強くなった。他方、プーチン大統領が実際に精神病を患っているといった明確な診断などの証拠は示されていない。西側メディアがロシアとの正常な外交関係を構築すること自体が不可能であることをアピールするためのプロパガンダとして使用しているとの見方も指摘されている。

ほかにも、ウクライナ軍を美化する虚偽の報道が欧米メディアを中心に広がったケースがあった。ロシアのウクライナ侵攻が始まった２０２２年２月24日、ロシア軍が黒海のズミイヌイ島で、抵抗するウクライナ国境警備隊13名を死亡させたとの情報が西側メディアで広く報じられた。ウクライナ政府関係者が公開した音声データには、ウクライナ警備隊がロシア軍の脅しに対し、「地獄に落ちろ」などと抵抗する音声が記録され、ウクライナ政府は13名全員に英雄の称号を与えた。他方、ロシア政府は13名全員が降伏したとしてウクライナの主張を否定していた。その後明らかになったのは、ロシアの主張が正しく、その13名を含むウクライナ兵82名が降伏していたことであった。

同じ2月24日、ロシア軍機６機を撃墜したとしてウクライナ空軍ＭｉＧ‐29戦闘機パイロット、通称「キーウの亡霊」が、21世紀初の英雄としてＳＮＳで話題を呼んだが、これも真偽不明の情報であったことが明らかになったという一例もある。当初、ウクライナ政府や高官も宣伝材料として「キーウの亡霊」をSNSなどで紹介していたものの、後に「キーウの亡霊」はビデオゲームの映像が利用された虚偽の画像であることが明らかになり、ウクライナ空軍も「キーウの亡霊」はウクライナ人が作り上げたスーパーヒーロー伝説であるとして存在を否定した。

また、ロシアのウクライナ侵攻にあたって、米国政府は新たな情報戦を展開した。それは、ロシア軍の動きについて克明にインテリジェンスを公開する手法であった。この情報戦の目的がロシアの侵攻を阻止するための抑止戦略であったとすれば、その戦略は失敗に終わったことになる。他方、米国が公開するロシア軍についての情報は、ロシアのサプライズ攻撃を不可能にした。また、その後の戦争状況に関し、米国がウクライナ軍に提供する情報がロシア軍に対する防衛、反撃に極めて有効だったとの報道もあり、今後、この新たな情報戦の効用性についてさらに吟味していく必要があろう。

なぜ善悪ナラティブが席巻するのか――桒原

中国やアフリカ、南米の国々のように、ロシアに近い立場あるいは中立を保つ国も多くあるものの、ウクライナとロシアの善悪ストーリーは西側の世論形成に大きな影響力を持つようになった。実際、ロシアのウクライナ侵攻が長期化するにつれ、西側メディアを中心に、プーチン大統領を「悪（evil）」と形容するようになっていった。

米国が、政敵を「悪」、それに対抗する者を「善」と、二項対立に単純化させるストーリーを展開することは新しい動きではない。かつてクウェートを侵略したサダム・フセインを「悪」としたのもその一例である。そこには、米国政府が自らの国益のために敵対するロシアを悪魔として描き孤立させようとする試みが透けて見える。米国政府の見解は米メディアの報道内容に影響するだけでなく、米メディアに影響を受けやすい日本メディアの報道ぶりにも大きく影響する。日本のウクライナ関連の報道は、連日テレビチャンネルや紙面を占拠している状態であり、報道内容もウクライナとロシアの善悪ストーリーが中心となっている。また、一般に民放メディアは、視聴率を確保する必要があるため、登場人物を善と悪に区別する傾向が強いといわれている。

こうした米国が発する情報について、無批判に受け入れることには危険も伴う。アフガニスタンでの20年にもおよぶ戦いがアフガニスタンからの秩序なき米軍撤退という結果となったが、この間に発信された情報の真偽についても、今後十分に吟味されるべきだろう。

無視され続けるウクライナの現状――桒原

西側の作り出す善悪ナラティブは、ゼレンスキー政権下のウクライナがいかに勇敢であるか、ロシアを抑え込むため国際社会の連携がいかに重要かを強調するものである。こうしたストーリーから外れる情報はすべて、ナラティブ形成には都合が悪く、排除されやすい。では、これまで語られてこなかったウクライナの姿とは何か。

一つ目は、ウクライナとネオナチとの関連についてである。大前提として、ウクライナで大量虐殺や民族浄化が行われているというプーチン大統領の主張は事実と異なり、ウクライナ侵攻の正当性を強調するための誇張・歪曲、ディスインフォメーションとして利用されていることは強調しておく必要がある。また、ゼレンスキー大統領も、自身がユダヤ人であり、家族がナチスのホロコーストによって殺害されており、プーチン大統領の主張は馬鹿げていると主張している。

しかし、マリウポリの防衛で活躍したアゾフ部隊がネオナチ的傾向を持つことは否定できない。アゾフの創設目的は、「世界の白色人種を率いて」「セム人主導の」「劣等人種に対する最後の聖戦を行うこと」がウクライナの国家としての使命であるというものであり、国連人権高等弁務官事務所は２０１６年の報告書で、国際人権法違反であるとして厳しく非難している。２０１９年には米連邦議会でアゾフを外国テロ組織として指定する案が審議された経緯もある。

また、国家親衛軍にも、このほかにもネオナチ的傾向を持つ武装部隊がいくつか存在する。ロシアによる最初のウクライナへの軍事介入後、劣勢に立ったウクライナ側はこれらの勢力を国家防衛のために利用せざるを得なくなり、内務省に編入することで国家管理下に置いたわけだが、彼らを今後も管理しきれるのか、ロシアとの戦いの中でその影響力が拡大していくことはないのかといった点は注視されなければならないだろう。

二つ目は、ゼレンスキー大統領自身についてである。ゼレンスキー大統領がコメディアン出身であることやテレビ時代の盟友を側近に就かせたことなどは、同氏を評価する際にメディアに多用される傾向にあるが、資産隠し疑惑やオリガルヒ（新興財閥）との関係といったネガティブなイメージの大半は報道されておらず、むしろ隠されてきている。国際調査報道ジャーナリスト連合（ＩＣＩＪ）が２０２１年10月にリークした『パンドラ文書』では、ゼレンスキー大統領が、未報告のタックスヘイブンを利用した取引に関与していることが暴露された。

「常識」と情報源――桒原

このように、米国が善悪ナラティブを形成する上で不都合な情報は、日本を含め西側の主要メディアでほとんど報道されない。情報戦は、物理的な戦争と同様に、早期に決着がつくものではない。情報戦の中で引き起こされる二項対立は、社会の分断を促し、さらなる対立を生みやすくする危険がある。もとより、今回のロシアによるウクライナ侵攻は既存の国際秩序を覆す暴挙であり、「ロシア＝悪」という善悪ストーリーで語られるのは当然の結果とも言える。しかし、多様な情報が伝わらなければ正確な状況把握ができず、正しい意思決定がより困難になる危険を孕んでいることには留意する必要がある。

第2章で見たように、日本では台湾有事が現実の可能性として指摘されてきている。このロシアのウクライナ侵攻のケースからもうかがえるように、今後の国家間対立においては、情報戦が大きな役割を果たすと考えられる。このため、日本としても、海外からの情報戦の脅威に対抗するための国力を高めなくてはならないが、その際、米国をはじめとする西側が発する情報だけがすべて真実であるという現在の「常識」に縛られることのない、多様な情報や多角的な考え方を提供できる真の情報源が必要となろう。その中で、国民のメディアリテラシーや、権力を監視する「番犬役」でなければならないメディアの本来の役割も再確認されなければならない。

・桒原響子「ロシアのウクライナ侵略、その善悪ナラティブの危険性」『表現者クライテリオン』啓文社書房、第１０２号、pp.95-101、２０２２年7月
・桒原響子「プーチンの誤算とディスインフォメーションの限界」Wedge Online、２０２２年３月３日、https://wedge.ismedia.jp/articles/-/25930
・桒原響子「国際世論の心に響くゼレンスキー大統領の戦略的発信」Wedge Online、２０２２年4月5日、https://wedge.ismedia.jp/articles/-/26274
・小泉悠『現代ロシアの軍事戦略』ちくま新書、２０２１年
・和田浩明「米大統領選『不正の証拠サーバー押収』は誤り　企業・米陸軍も否定」『毎日新聞』２０２０年11月16日、https://mainichi.jp/articles/20201116/k00/00m/030/291000c
・『BBC NEWS JAPAN』「トランプ氏は『現実から乖離』大統領選不正の主張めぐり元側近が証言」２０２２年６月14日、https://www.bbc.com/japanese/61781135
・*The New York Times*, How Russia's Troll Farm Is Changing Tactics Before the Fall Election, March 29, 2020, https://www.nytimes.com/2020/03/29/technology/russia-troll-farm-election.html
・Office of the Director of National Intelligence, *Foreign Threats to the 2020 U.S. Federal Elections*, 2021, https://www.dni.gov/files/ODNI/documents/assessments/ICA-declass-16MAR21.pdf
・『Reuters』２０２０年８月25日
・Ellen Nakashima, "U.S. Cyber Command operation disrupted Internet access of Russian troll factory on day of 2018 midterms," *Washington Post*, February 27, 2019, https://www.washingtonpost.com/world/national-security/us-cyber-command-operation-disrupted-internet-access-of-russian-troll-factory-on-day-of-2018-midterms/2019/02/26/1827fc9e-36d6-11e9-af5b-b51b7ff322e9_story.html
・International Consortium of Investigative Journalists. "Pandora Papers." October 3, 2021, https://www.icij.org/investigations/pandora-papers/global-investigation-tax-havens-offshore/
・The Office of the High Commissioner for Human Rights. "Report on the Human Rights Situation in Ukraine."

United Nations, March 3, 2016, https://www.ohchr.org/sites/default/files/Documents/Countries/UA/Ukraine_13th_HRMMU_Report_3March2016.pdf

· Cook, Jonathan. "Russia-Ukraine: Western Media are Acting as Cheerleaders for War." *Middle East Eye,* March 4, 2022, https://www.middleeasteye.net/opinion/russia-ukraine-war-western-media-cheerleaders

第5章
情報操作とそのインフラ
——戦時の情報通信ネットワークをめぐる戦い

小宮山功一朗

サイバー空間のインフラ

「物理インフラ」「論理インフラ」「情報」で成立

これまでの章では、本書の問題意識の中心である、偽情報の流通がもたらす情報安全保障上の脅威について論じてきた。議論の中心は、何れかの当事者や当事国が情報を流すことによって、相手方に働きかけることであり、そのような働きかけから日本を守るための方策についてであった。

対して、本章が着目するのは、情報が流れ込み・拡散されるリスクではなく、通信の手段を失い孤立するリスクである。我々は情報通信ネットワークが、世界と戦場を繋ぎ、リアルタイムに何が起きているのかを目の当たりにしてきた。グローバルな情報の流れが、戦場の霧を部分的に晴らしてきた。その結果、大規模な戦争があっても、政治指導者や市民が正しい判断をするに足る情報を得られるという過信が生まれつつある。

加えて、これまで50年間のサイバー空間の技術の発展が、グローバルな情報の流れへの過信をより強固なものとした。確かに、市民のカメラ付きスマホは、独裁者の処刑の瞬間を、あるいはデモに集う民衆の声を世界中に拡散することを可能にした。これまでメディアが果たしていた役割の一部を、ソーシャルメディアが担うようになった。インターネットを活用した無数の市民の言動を制御することはいかなる国家にも不可能と考えられてきた。

　サイバー空間は、このようなグローバルな情報の流れを維持できるのだろうか。とりわけ、戦争が起きた際に、当事国同士の情報の流れが平時と変わらず維持されることは可能なのだろうか。

　本章は、サイバー空間のインフラに着目する。その上で第1節では、有事においてグローバルな情報の流れは停止され、破壊され、その機能を失う可能性が高いことを、過去の戦争での情報通信ネットワークに起きた出来事を元に主張していく。第2節では、サイバー空間以前の戦争、米西戦争、日露戦争、湾岸戦争を題材に、戦争が情報通信ネットワークにどのように作用したかを明らかにする。第3節では、サイバー空間の存在が前提となった現代の戦争としてロシアのウクライナ侵攻をとりあげ、物理インフラ、論理インフラにどのような力が及んだかを述べる。最後にこれらの議論をまとめ、インフラの保護におけるレジリエンスの重要性を提起する。

　本章における「情報通信ネットワーク」とは、広い地域にわたり人が連絡する手段を指す。戦国大名の飛脚や狼煙を使った情報伝達も、日露戦争で帝国海軍が用いた艦艇と地上局によって構成される無線通信網もすべて情報通信ネットワークに含まれる。この情報通信ネットワークの中で、特に、この50年間に普及したインターネットを中心とする情報網とその周辺をサイバー空間と呼ぶ。

サイバー空間は、「物理インフラ」、「論理インフラ」、「情報」の三つによって成り立つ。物理インフラとは、海底ケーブルやデータセンター、通信衛星とその地上設備など、世界中に点在し、情報通信を可能にしている設備を指す。論理インフラとは、情報通信に必要であるが、物理的な制約のないものを指す。具体的にはメッセージングサービス、ソーシャルメディアなど各種のシステムを指す。サイバー空間においては、物理インフラの上に、論理インフラが構築され、その上で情報がやり取りされる。

例えば、銀行のオンラインバンキングを例に取れば、物理インフラの典型は、銀行が所有するデータセンターである。そこに顧客の情報が物理的に保存されている。この場合の論理インフラとは、銀行の各店舗において使用されているシステムや、オンラインバンキングユーザーがスマートフォンから閲覧するＷｅｂの画面を表示するシステムが該当する。以上の、物理インフラと論理インフラの上で、我々個人の預金額、借入額という情報が処理されて初めてオンラインバンキングを使用することが可能となる。

戦争と情報通信ネットワーク

転機となった米西戦争

古来より情報を支配するものが戦争を優位に進めることは広く理解されてきた。それを発展させ、「情報通信ネットワークを制するものが戦争に勝利する」という認識を世界に広げた契機の一つとして、１８９８年に米国とスペインがキューバの支配をめぐって争った米西戦争が挙げられる。

19世紀終わりから20世紀初頭における国際的な情報通信ネットワークは、電信によって支えられていた。電信は当初、アメリカやイギリスで国内に電線を張り巡らせ通信手段として使用されていた。やがて、絶縁技術の進歩などのおかげで、水中にケーブルを敷設することが可能となった。まず、１８５０年にはイギリスとフランスが海底ケーブルでつながり、１８６０年代にはイギリスと米国をつなぐ大西洋ケーブルが開通する。その後、世界中の主要都市を結ぶ海底ケーブル網が形成された。それまで船で10日を要した、海を越えた情報のやり取りが、わずか数秒でできるようになった。

列強諸国は世界中で、植民地経営を行ったが、これを可能にした要因の一つは海底ケーブルである。世界中に張り巡らされた国際海底ケーブルという物理インフラによって情報の伝達が可能となり、本国と植民地がつながった。多くの植民地を持つイギリスは、1887年時点で世界を張り巡らす海底ケーブルの70%を保有していた。当時、スペインと、その植民地(現在のフィリピン、キューバ、プエルトリコなど)は複数の海底ケーブルで接続されていた。

米国は米西戦争の初期に、ケーブルを徹底的に破壊する作戦をとり、スペインと植民地の間の通信を不能にし優位な立場に立った。ケーブルを切断しようとする米国と、それを妨げようとするスペインの間で、激しい戦闘が繰り広げられた。米国議会は米西戦争後に112人の兵士に名誉勲章を贈ったが、そのうち51名が、キューバ沖でのケーブル切断のための戦闘に関与しているということからも、この戦闘の米西戦争全体に与えた影響の大きさが伝わる。

米西戦争での、米国のケーブル破壊は、新しいルール誕生の瞬間でもあった。それまで海底ケーブルは中立の存在であると考えられていた。「交戦国が公海上でケーブルを切断するのは許されるか?」、「第三国の所有するケーブルを切断するのは許されるのか?」について国際的な共通理解はなかった。米西戦争によって切断されたケーブルの多くは、イギリスやフランスなどの第三国が所有するものであった。イギリスやフランスは、自らの将来の行動の選択肢を広げるために、米国のケーブル切断を黙認した。このような前例ができ、以降現在に至るまで、交戦国が中立国の所有する情報通信ネットワークを切断することはたびたび発生している。

　これらの戦争を契機として「ケーブルの支配が、情報へのアクセスを意味すること、さらに、情報を支配することが政治・軍事力を体現するための別の形態であることを世界は学んだ[8]」のである。

日露戦争と日本軍の工作

　ほぼ同時期に日本も情報通信ネットワークの重要性に気づき、列強に追いつくためのインフラの整備をすすめていた。1871年に長崎と上海、ウラジオストクが海底ケーブルで結ばれた。1884年には長崎と釜山を結ぶケーブルが設けられた。当時、日本の国際通信インフラは、大北電信というデンマークの企業が独占していた。1894年の日清戦争の際には、陸軍が釜山―ソウル―義州―清国を結ぶ軍事用途のケーブルを敷設した。ケーブルは軍事活動に不可欠なもので、その保護は大きな軍事課題であった。

　日本軍は、日露戦争開戦時にはより直接的な情報通信ネットワークの破壊を行った。例え

8　ヘッドリク 2013, 105

1900年代前半に用いられた海底ケーブル（NTTワールドエンジニアリングマリン社所蔵）

ば、日露戦争開始前の1904年2月6日、ロシアへの国交断絶の通告と同時に、陸軍は北京とロシアを結ぶ地上ケーブルを切断した。[9] 清国近海での日本の艦隊の動きをロシアから秘匿する目的があった。日本海軍は釜山などの電信の通信局を占拠し、朝鮮半島における情報通信ネットワークの掌握を目指した。[10]

海軍は同時に、自らが掌握していない情報通信ネットワークを無効化するため、さまざまな工作を行った。同年2月12日、芝罘の日本領事館駐在の森海軍中佐は、芝罘と旅順を結ぶ海底ケーブルを切断した。普段はナマコ漁を行っている潜水夫とその船を予め手配しておき、夜間にケーブルを探しあて、のこぎりで断ち切ったという。[11] 手はずは開戦前から整っていた。大北電信が所有する長崎とウラジオストクを結ぶケーブルもこの時期に海軍が切断した。大北電信は日本政府に対して抗議を行ったが、米西戦争の前例から、日本の行動を明確な国際法違反とみなすことはできないということまで織り込み済みであった。

当時の日本は、情報通信ネットワークの戦略的価値を正しく評価していた。自ら物理インフラを構築し、また相手側の物理インフラを破壊した。

「テレビの戦争」と呼ばれた湾岸戦争

これまで、米西戦争や日露戦争において情報通信ネットワークの物理インフラが戦略的に重要な存在であり、それ故に工作や破壊の対象となってきた例を紹介してきた。その流れを踏まえると現代の戦争において、情報通信ネットワークが攻撃されることに大きな驚きはない。注意が必要なのは、20世紀以降、無線通信技術が実用化し、人工衛星を介した通信が実用化され、ケーブルの重要性は相対化されたことである。

9　大野 2012, 174-175
10　伊藤 2011, 89
11　伊藤 2011, 91

無線通信技術も、情報通信ネットワークの形を大きく変えた。一対一ではなく一対多の情報のやり取りを可能にしたのである。ラジオ、テレビなど多くの視聴者に対して一斉に働きかけることが可能となった。本書の文脈でいえば、情報操作の危険性が跳ね上がった。ラジオは政治に利用され、政治に影響力を及ぼしてきた。ヒトラーとナチスはラジオをプロパガンダに活用し、大衆の支持を集めた。1989年にルーマニアのチャウシェスク政権が崩壊したときに、革命に参加するルーマニア市民を後押ししたのはラジオ・フリー・ヨーロッパ（自由ヨーロッパ放送）という短波放送だった。1994年のルワンダではラジオ局が特定の民族への嫌悪を煽るメッセージを繰り返したことが虐殺をより凄惨なものにした。ラジオの働きを単純に善悪で論ずることは難しい。世界を大きく変える力を持っていたということは確かである。

テレビの発明により、情報のやり取りに、視覚情報が加わった。「絵になること」、より現代的な表現をすれば「映（ば）えること」が求められるようになった。1960年の米国の大統領選挙において、初の候補者同士のテレビ討論会が行われた。経験豊かな政治家であるニクソンと、若く爽やかなケネディの討論をテレビで見て、有権者は少なからずケネディ支持に傾いたとされている。1989年に中国で起きた天安門事件では、衛星放送を通じて、戦車の前に立ちふさがる男性の映像が世界中に配信された。もし、タンクマンと呼ばれるあの男性の映像がなければ我々は天安門で起きた悲劇を今のように強く認知できただろうか。

戦時における情報通信ネットワークという本章のテーマを考える上で、1991年の湾岸戦争も転機であった。この戦争は「テレビの戦争」とも呼ばれたが、その理由は米国のテレビネットワークが、多国籍軍がイラクの軍事施設をピンポイントで爆撃する映像を繰り返し放送し、その有効性や正当性を強く印象づけたからである。米国を中心とする多国籍軍は、事前にイラク軍のシステムに侵入した。システムに侵入し、イラクの兵士に対して投降を呼びかけるメッセージをスクリーンに表示するなどの揺さぶりをかけた。また、地上戦闘を開始する前に、航空機やミサイルを用いて、イラク軍の情報通信の物理インフラへの爆撃を行ったのである。

第二次ウクライナ戦争と情報通信ネットワーク

物理インフラをめぐる攻防

近代の戦争において情報通信ネットワーク、特に物理インフラは重要な戦略的価値をもっており、故に狙われてきたことを述べてきた。本節では、より現代の戦争であるロシアのウクライナへの侵攻を取り上げる。これまで見てきた事例と違い、これは2022年の出来事であり、サイバー時代の戦争である。本節では、ウクライナとロシアで起きたことを、物理インフラ、論理インフラの二つの側面に分けて説明した上で、その国際安全保障上の意味について簡単に述べたい。

ロシア軍の戦車が、国境を越えてウクライナへ侵攻する以前から、ロシア軍のものとみられるウクライナの物理インフラへの攻撃はあった。ヨーロッパの衛星通信会社ヴィアサット社はKA-SATという通信衛星の運用とサービス提供を行っていた。同社はウクライナを含めた、ヨーロッパの複数の国の顧客にKA-SATを用いたインターネットサービスを提供していた。ロシア軍が国境を越えてウクライナ領内に侵攻する数時間前に、ヴィアサット社のインターネットサービスが利用不能となった。同社が管理する、衛星と通信するための地上側の機器が、何者かによって細工されて正しく動作しなくなったのが原因である。影響はドイツなど他のヨーロッパ諸国にも及んだ。ウクライナ政府や軍もこのサービスを利用しており、ウクライナ政府高官はこれが戦争初期における大きな痛手であったと振り返っている。[12]

テレビ放送も重要なターゲットであった。３月１日にキーウの、３月16日にヴィーンヌィツァのテレビ塔に対するロシア軍の砲撃があった。さらにデータセンターと呼ばれる、コンピューターシステムを稼働させるための特別な電源供給設備や通信インフラ設備を持つ建物が、巡航ミサイルによる攻撃を受けた。ウクライナ政府はこの攻撃を予見しており、ロシアの侵攻前に別の場所に重要データを移し終えていたため、大きな被害を受けなかったと説明している。

ウクライナ国民にとって最も身近な物理インフラである、携帯電話網については少々事情が異なるようである。ウクライナにおける最大の移動通信サービス事業者であるウクルテレコムの幹部は、２０２２年の３月末に行われたインタビューで、開戦時に30％の国外への接続を失ったこと、国内においてサービス提供可能なエリアが戦争前から16％減少したと語り、

12　Cattler and Black 2022

同社の物理インフラに激しく攻撃が行われたことを証言した[13]。

一方で、同人の「ロシア軍は物理インフラへの攻撃を控えているかもしれない」という所感は興味深い。背景には、ロシア軍がウクライナ国内の通信の傍受から情報を得ようとしているとみられることがある。また、比較的短時間にロシア軍による実効支配が確立するという前提のもと、その後の占領政策をすすめる上で、携帯電話網を傷つけるのが好ましくないと考えられたことではないか、とも考えられている。

ロシア、ウクライナ政府はサイバー空間において、自らの主張を声高に主張している。しかしそのような主張を国民にあまねく届けるために、ウクライナの通信事業者の社員が車中泊し、周囲が暗くなった寒い夜に、凍った地面を掘りかえし、ファイバーケーブルを繋ぎなおすという作業を繰り返している。それは情報戦という言葉で連想される営みからはかけ離れているが、しかし情報戦の重要な側面であろう。

ロシアをインターネットから締め出すことはできないが……

前節では、戦争において情報通信ネットワークの物理インフラが戦略的な標的であり、実際に現代の戦争でも多くの干渉をうけることを明らかにした。本節では論理インフラ（メッセージングサービス、ソーシャルメディアなど各種のシステム）で起きることを説明する。

物理インフラは、当然のことながら、国土のどこかに施設なり設備が存在するものである。「国家は物理的な空間領域の支配者であり」[14]、この領域内の物理インフラに直接的な影響力を及ぼすことができた。本節で述べる論理インフラは、物理的制約が少なく、したがって国家の影響力が及びにくいものが多い。この分野における主たるアクターはグローバルなテクノロジー企業である。

サイバー空間の中心となっているインターネットは、自律・分散・協調によって運営されるという哲学が長く大切にされており、一箇所、あるいは一組織に権限や能力が集中することを良しとしない。ロシアでもウクライナでも複数のインターネット接続事業者が、海外の複数のインターネット接続事業者と相互に接続されていて、この接続を通じたバケツリレーで地球の裏との情報のやり取りが可能になる。

国際社会の秩序をことごとく無視するロシアのウクライナ侵攻への対抗措置として、ウクライナ政府は、インターネットを管理する団体に対して書簡を送り、ロシアが使用する国別トップレベルドメイン（.ru）の使用停止などを求めた。これはつまり、ロシア政府、すべて

13　Antoniuk 2022
14　岩村 2022, 182

のロシア国民を残らずインターネットから切り離すことを求める要求である。

インターネットを管理する団体は、政治や国際的な衝突に関連して中立的な立場を守る意思を明確に表明し、ウクライナ政府からの要請に応じなかった。背景にあるのは、インターネットやサイバー空間を必要としているのは、何もロシア政府やロシアの軍隊だけでないという事実である。ロシアとのインターネット接続を断つことは、ロシアにおける反戦活動家や一般市民にとっても大きな不利益となる。インターネットにアクセスできることは、もはや基本的人権の一部と捉える人もいる。したがって、国家の不法行為が認められたとしても、それを口実にすべての国民からインターネットを取り上げることは難しい。

ロシアをインターネットから締め出す直接的な動きは見られない。一方で、ロシア国内で徐々にインターネットが使いづらい状況になっているのも事実である。グローバルな情報通信ネットワークを標榜するインターネットの、現実が垣間見えるようで興味深く、ここで紹介する。これまで、ロシアの通信事業者はスウェーデン、アメリカ、イギリスなどの有力通信事業者と、接続料を支払うかわりに国際的な通信を行うという契約をしていた。3月以降このような通信事業者間の契約に縮小の動きが見える。具体的には3月11日にイギリスの有力通信事業者がロシアの二つの通信事業者との契約を打ち切った。

ロシアの通信事業者は、イギリスの通信事業者との契約が切れても、オランダやデンマークを経由する迂回路があり、ロシア国内のインターネットの品質に大きな問題はないと説明している。たしかに、インターネットの設計のおかげで「つながらない」という状態までには至っていない。しかしロシアの主要インターネットサービスプロバイダー（ＩＳＰ）で遅延が増えているという。特に日中に遅延が増すというパターンがはっきり出ている。これはネットワークが混雑している時にみられる現象である。ロシアがインターネットから締め出されることはないが、ゆっくりとロシアにとって不利な状況へと追い込まれていく流れと捉えることもできる。

ロシアと諸外国を結ぶ物理的なインフラに、ウクライナへの侵攻前後で決定的な変化はない。しかし、同じ物理インフラを使ってやり取りされる情報量やスピードは、それを運用する企業のさじ加減により変化する。イギリスやＥＵでは、ロシアへの経済制裁を実施しており、通信事業者間の契約は今後ますます難しくなっていく。数年後、ロシアのサイバー空間は今よりも使いにくいものになっているか、あるいはＥＵの規制を厭わない中国などへの依存を強めていくとみられる。

ロシアにおけるソーシャルメディアの遮断

現代の情報戦においてソーシャルメディアはその最前線である。サイバー空間でおこる選挙干渉、フェイクニュース、プロパガンダはその多くがソーシャルメディア上で発生するからである。

ウクライナへの侵攻以降、ロシアは国民の情報へのアクセスを厳しく規制している。3月4日にロシア国内から複数のWebサイトへのアクセスが不能となった。ブロック対象になったのはBBCやドイツの国際放送などのメディア、ロシア国内の自由系メディアである。ウクライナ政府のWebサイトにも一部制限がかかり、ウクライナ内務省が作成したロシア人捕虜や戦死者の画像を公開するWebサイトへのアクセスも禁止された。

ロシア国内から、フェイスブックへのアクセスは、3月4日に全面ブロックされた。ロシア政府は以前からツイッターについてスロットリングという、ブロックしないまでも実用できないほどに遅くさせる手法で制限をかけていた。2月26日から3月4日まではスロットリングが実施されていたが、3月4日以降はフェイスブック同様にブロックされ、完全にアクセス不能となった。このスロットリングはロシアの数多くの通信事業者で同時に起きており、ISPが個別に実施するのではなく、より上位のネットワークで一律に制限する仕組みが存在するとみられる。これらの制限を回避するVPNという技術があり、世界中で政府や通信事業者によってブロックされている情報にアクセスする手段として利用されている。一方でロシアや中国はじめ多くの国で、VPN技術の使用自体を規制する動きがある。

国家とソーシャルメディアの関係は、さまざまな議論があり、将来を予見するのは難しい。一つだけ言えることがあるとすれば、国家はソーシャルメディアとの協力を深める、あるいは協力しないソーシャルメディアを排除する動きを今後も強めていくということだろう。ロシアやウクライナだけでなく、世界の多くの国が批准する国際人権規約は、第19条で「表現の自由」を権利として認めている。同規約は同時に表現の自由が、「公の秩序・道徳の保護」を損なってはならないとする。ソーシャルメディアは、各国当局との間で、公の秩序や道徳が指し示すものを明らかにしようとしているが、道のりは長い。

テレグラムは中立な場なのか

国家とソーシャルメディアの対立が深まる中で、現在進行している戦争でテレグラムというアプリが興味深い役割を果たしている。ゼレンスキー大統領はこれを用いて、世界中にウクライナ政府の立場を直接訴えている。対してロシアは通信社がテレグラムにアカウントを開設し、主張を掲載している。ある論理インフラが、戦争の当事国両方において広く使用されているというのは、あまり類を見ないことである。

前述のとおり、既にロシア国内ではフェイスブックやツイッターへのアクセスが制限されており、テレグラムやユーチューブなどいくつかの手段のみが残されている。ますます重要になるテレグラムは誰がどのように運営しているのか。謎多き実態を少しだけ紹介したい。テレグラムはソーシャルメディアとメッセージングアプリの両方の機能を持つ。２０１３

年にサービスを開始し、2022年現在月間アクティブユーザー数は5億人を超え、ロシアだけで4000万人のアクティブユーザーがいるという[15]。特徴は独自の暗号技術を使って、ユーザーのデータの保護をしている点にある。シークレットチャットと呼ばれる機能を使うと、管理者もユーザーのメッセージを復号して読むことができない。同社の事業目的は、言論の自由を政府の干渉から保護することである。暗号化へのこだわりは、この事業目的に由来する。

テレグラムはロシア系企業と表現されることがある。たしかに創業者である兄のニコライ、弟のパベルというドゥロフ兄弟はサンクトペテルブルグで育った生粋のロシア人である。2018年時点で従業員15人は全員ロシア系とのことだった。にもかかわらず、テレグラムとロシア政府との関係は良好と言い難い。テレグラムは意図的にロシアを遠ざけている。イギリスで法人化され、世界に複数のシェルカンパニーを持つ。ユーザーのデータを含む論理インフラも世界中に分散し、流動させている。メンバーはドバイを中心に、世界中を転々としており、創業者と従業員の出自以外にロシアとの接点を持たないように努めているようである。

なぜ、こんな面倒なことをするのか？「一つの国に頼るという間違いを二度と犯したくない。今は最適な環境にみえても、将来とんでもない規制が行われるかも」とパベル・ドゥロフは言う。彼は「フ・コンタククチェ（VK）」というロシア版フェイスブックとよばれるソーシャルメディアの創業者でもあった。ＶＫは人気を博したが、２０１１年の反政府運動を助長したとして、ソーシャルメディアのユーザー情報の提供と、反政府運動の投稿削除をロシアの情報機関に求められる。生粋の自由主義者であるドゥロフはこれを拒否した。当局からの脅迫や経済的締め付けがあったとされるが、最終的にＶＫの株を売却して、ＶＫから足を洗った。

ドゥロフはこの経験を糧に、暗号を用いて言論の自由を手に入れるという目的のためにテレグラムを作った。テック企業にしては珍しく、米国政府や企業との関係が希薄であり、それ故にイランなど米国製品を好まない国でも、国民の半分がテレグラムを使っている。テレグラムの国家と距離を置くという作戦は、90年代ならまだしも、現代のサイバー空間では異端である。米国の企業は米国政府と、中国企業は中国政府および共産党と、関係を築こうと努力してきた。サイバー空間だからといって無秩序が許される時代ではない。各国の裁判所がデータの提出を求めれば多くのソーシャルメディアはデータを提供する。そんな時代にあって、テレグラムは各国の捜査当局への協力を断ってきた。

テレグラムの捜査当局に協力しない姿勢は知れ渡り、犯罪者やテロリストにとって人気のサービスとなった。2015年のヨーロッパでの連続テロで、テロリストが勧誘や内部の連絡にテレグラムを使ったこともわかっている。テレグラムは大量のチャンネルやメッセージを削除したが、テロリストを間接的に助けたと非難された。

本稿執筆時点でもテレグラムを起動すると、隠語を用いているとはいえ違法薬物の取引を持ちかけるチャンネルが表示されるなど、サイバー空間が無秩序だった90年代にタイムスリップした雰囲気がする。言論の自由を堅持するためには、公序良俗に反する情報も規制できないという対価が伴うことをテレグラムは示している。

母国を追われたロシア人が、言論の自由のためにプラットフォームを提供し、それをウクライナ人やロシア人が好んで利用している。なぜロシア政府はテレグラムをブロックしないのかという疑問が生じる。実は2018年4月に、ロシアの裁判所がＩＳＰに対してテレグラムをブロックするよう命令した。しかし、国内からの反発、テレグラムの技術的迂回のため裁判所の命令は骨抜きになった。ロシア政府にとってテレグラムは飼い馴らせない存在だが、少なくとも西側の手先ではなく、ロシアの主張を広げる手段として利用価値があると考えているのかもしれない。

チャットが暗号化されているとはいえ、テレグラムの持つデータの量、情報戦の条件を変える力は強く、両陣営共に良好な関係を築きたいと考えているだろう。テレグラムはロシア、ウクライナの多くのユーザーのつながりを把握し、誰が関係性の中心かを把握し、特定のメッセージやユーザーをそのプラットフォーム上で特別扱いして、スポットライトを当てることも可能だからである。

テレグラムが今の中立のスタンスを維持するかどうかは、予測不能だ。この非公開企業の創業者であり、唯一の資金提供者であるドゥロフ個人の考え方によってテレグラムは大きく変わる。一人の人間のこの戦争への影響力という点でドゥロフは、名だたる政治指導者と比肩する存在である。彼は英雄にも悪魔にもなれる。

物理インフラに必要なのはセキュリティではなくレジリエンス

本章は、「サイバー空間は、今後もグローバルな情報の流れを維持できるのだろうか。とりわけ、戦争が起きた際に、当事国同士の情報の流れが平時と変わらず維持されることは可能なのだろうか」という疑問から出発した。ここまで見てきた、米西戦争、日露戦争、ウクライナの戦争の教訓を踏まえると、戦時にあたって当事国同士の情報の流れが平時と変わらず維持されると前提することは危険である。日本であれば、複数の海底ケーブルが切断され、データセンターが攻撃され、ソーシャルメディアなどの論理インフラがいくつか使用不能になるという状況を想定するべきであろう。

論理インフラについては、テレグラムの例を通じて述べたとおり、その管理が企業の手に握られ、ガバナンスが不透明であるケースもある。国家や軍隊はテクノロジー企業の素性を見定め、価値観を共有できる企業と良好な関係を築く努力が必要である。

物理インフラについては、ヘッドリクが言うとおりレジリエンスが最も大切である。レジリエンスとは直訳すれば、回復力や弾性のことであり、物理インフラのレジリエンスと言った場合、破壊された物理インフラを手当し復旧させる能力を意味する。第一次世界大戦の際に、イギリス・フランスとドイツは相互に物理インフラを破壊した。破壊する能力に大きな差はなかったが、ドイツは切断されたケーブルや破壊された無線局を回復させる力がなく、それ故に不利な立場に追い込まれた。

物理インフラを壊されないように防ぐのは不可能であり、壊された場合の迂回手段の設定、壊されても修復する手段を確立しなければならない。そしてこの物理インフラのレジリエンス確保の最前線にいるのは、いわゆる「現場の技術者」であることが多い。第二次世界大戦においては、日本の通信インフラの保護のために多くの民間人の献身があった。サイバー空間で、民間企業と国家が、どのように役割分担して情報戦の足場を固めるのか、継続した議論が必要である。

最後に、中国は、2015年に公表した一帯一路政策で「二国間の越境光ファイバーケーブルの建設を加速し、大陸間海底ケーブル事業の建設を計画し、衛星情報チャンネルを改善し、情報交換と協力を拡大させる」と掲げている。その意味するところについて、本章の読者にある種の警戒感を呼び起こしたのなら、筆者が本章で言わんとしたことは十分にお伝えできたと思われる。

参考資料

・伊藤亜聖『デジタル化する新興国：先進国を超えるか、監視社会の到来か』中央公論新社、２０２０年
・伊藤和雄『まさにＮＣＷであった日本海海戦：勝利を生んだ明治海軍「ネットワーク中心の戦い」』光人社、２０１１年
・岩村充『国家・企業・通貨：グローバリズムの不都合な未来』新潮社、２０２０年
・大野哲弥『国際通信史でみる明治日本』成文社、２０１２年
・竹田いさみ『海の地政学：覇権をめぐる４００年史』中央公論新社、２０１９年
・D.R.ヘッドリク『インヴィジブル・ウェポン：電信と情報の世界史　１８５１‐１９４５』日本経済評論社、２０１３年
・Aben, Emile. "How Is Russia Connected To The Wider Internet? ." RIPE Labs, March 22, 2022, https://labs.ripe.net/author/emileaben/how-is-russia-connected-to-the-wider-internet
・Antoniuk, Daryna. "An Interview with the Chief Technical Officer at Ukrtelecom." The Record. March 28, 2022, https://therecord.media/ukrtelecom-interview-dmytro-mykytiuk
・Cattler, David and Daniel Black. "The Myth of the Missing Cyberwar: Russia's Hacking Succeeded in Ukraine - And Poses a Threat Elsewhere, Too." Foreign Affiars, 2022.
・Deeks, Ashley. "A New Tool for Tech Companies: International Law." Lawfare. Retrieved June 4, 2019, https://www.lawfareblog.com/new-tool-tech-companies-international-law

· Microsoft. Special Report : Ukraine -An overview of Russia's cyberattack activity in Ukraine-, 2022, https://query.prod.cms.rt.microsoft.com/cms/api/am/binary/RE4Vwwd

· Smith, Brad. "Defending Ukraine: Early Lessons from the Cyber War." Microsoft On the Issues, 2022, https://blogs.microsoft.com/on-the-issues/2022/06/22/defending-ukraine-early-lessons-from-the-cyber-war

· WSJ Tech News Briefing, "Telegram Thrives Even as Russia Drops Digital Iron Curtain(Podcast)." 2022.

第6章

民主主義の危機をもたらすサイバー空間

――「救世主」から「危機の要因」へ

小宮山功一朗

民主主義の危機

ディスインフォメーションを可能にしたサイバー空間

これまで各章において、ディスインフォメーションの危険性、そしてその危険を増幅させるものとして中国やロシアの存在を示してきた。その前提にあるのは民主主義陣営と権威主義陣営が覇権争いをしていて、権威主義陣営はサイバー空間を効果的に制御し、民主主義陣営の社会に不信を植え付けることに成功しているという捉え方である。

ディスインフォメーションを単純に外国から自国への脅威ととらえることはできない。例えば2016年の米国大統領選挙において、たしかに我々はロシアのディスインフォメーション作戦を目の当たりにしたが、米国内の分断の原因のすべてがディスインフォメーションにあるとは思えない。その証拠に、組織的な干渉がなかったとされる2020年の大統領選挙においても米国民の多くが選挙結果の信頼性を疑う言説を支持した。「(ディスインフォメーションは)外国からの脅威ではなく、米国の病理である」[16]という見方も一定の説得力を持つ。

例えば、フランス大統領選挙におけるディスインフォメーション、英国のEU離脱をもたらした国民投票も同様に、英仏国内の支持者の存在が不可欠であった。外国からのディスインフォメーション作戦がどの程度、選挙結果に影響したのかを見積もることは難しい。
　そのような問題意識を念頭に、本章では、これまでの議論を次の二つの点で拡大する。まず本章におけるサイバー空間とそのテクノロジーである。そして日本や米国や英国といった個々の民主主義を標榜する国への影響ではなく、民主主義という政治形態全般への影響を検討したい。つまり、中国やロシアによって、米国や西側諸国が脅威に晒されているのではなく、サイバー空間とそのテクノロジーが民主主義を侵しているという視点で問題を捉える。その上で、民主主義を保護するために何ができるのかを考えてみたい。

　民主主義は危機にある。フリーダムハウスという米国のNGOが行っている世界各国における自由主義と民主主義の受容度の調査によれば、2005年から2022年までの過去16年にわたり、民主主義は一貫して後退している。2021年は軍部によるクーデターが発生したミャンマー、米国および西側諸国が支援してきた政権が崩壊し、タリバンが権力を握ったアフガニスタンなどが民主主義を後退させた。もはや同団体の定義する「自由な国」に住

16　Jankowicz 2021

むのは世界人口のわずか2割にすぎない。

そのわずか2割の民主主義国の人々が、自らの体制にどれだけの価値を見出しているのかも、また心もとない。世界価値観調査プロジェクトの調査によると、[17] 第二次世界大戦から現在までの間に、欧州と米国に住む「民主主義が確保された場に住むことが不可欠」と考える人の比率は全体の3分の2から3分の1まで減少した。つまり、世界の2割のみが民主主義の恩恵を被り、そのさらに3分の1のみにとって不可欠な存在というのが、民主主義の現状である。そして民主主義の危機は、ディスインフォメーションの問題より以前、少なくとも2000年代の初頭まで遡ることができる現象で、現在も悪化の道を辿っていることがわかった。

民主主義はなぜかくも深刻な状況にあるのか。政治学者の宇野重規はその理由を4つあげる。すなわち、①ポピュリズムの台頭、②独裁的指導者の増加、③第四次産業革命とも呼ばれる技術革新、④コロナ危機、の4つである。[18] ここでいう第四次産業革命とは通信技術の発展がもたらした社会のデジタル化による変化のことである。ポピュリズムの台頭、独裁者の増加は自明とも言えるが、三つめの容疑者としてサイバー空間に関連する技術革新が名指しされているのは興味深い。

サイバー空間が民主主義を侵しているという主張は宇野に限らない。米国の政治学者ジョセフ・ナイも、情報技術がもたらした開放性が民主主義社会に脆弱性をもたらしているという。[19] 米国の法学者ジャック・ゴールドスミスらは、民主主義社会はサイバー空間の技術を積極的に取り入れてきたが、言論の自由、プライバシー、法の支配などを尊び、さらに規制を最小限に抑える特徴があるとした。そして、この特徴が外国勢力、特に権威主義国家にとって格好の攻撃対象となっていると結論付けた。[20]

宇野、ナイ、ゴールドスミスに共通する、サイバー空間が民主主義を侵すという言説は、比較的新しい問題意識である。サイバー空間とその土台となるインターネット技術がうまれて約半世紀が経つが、これまで一貫してサイバー空間が世界に民主主義を強化し、広めるものと捉えられてきたからだ。簡単に歴史的な背景を振り返りたい。

かつて期待されたサイバー空間によるバラ色の民主主義

サイバー空間は情報をあまねく個人に広め、情報格差を緩和し、この世にバラ色の民主主

17　World Value Survey 2022
18　宇野 2020, 18
19　Nye 2019, 7
20　Goldsmith & Russel 2018, 1

義をもたらすと考えられていた。古くは1994年に当時のアル・ゴア米国副大統領が発表した米国の情報インフラに関する戦略（通称ゴア・ドクトリン）では世界情報基盤が国民経済と国際経済の成長の鍵となるだけでなく、民主主義強化の鍵となるという期待が記されている。この期待にはいくつかの根拠がある。

一つ目は民主主義の特質からして、サイバー空間は良質な民主主義をもたらすという論理である。民主主義の前提は主権者である国民の間での情報の共有である。正しい情報を共有していなければ、選挙のような主権の行使も正しく行われないことになる。このことからロバート・ダールは、大規模な民主主義には6つの要素が必要であるとし、その一つに多様な情報源を挙げている。[21]同じくバーナード・クリックは近代民主主義の要件の一つとして情報の普及を挙げた。[22]サイバー空間の技術的な特質は、民主主義が必要とする多様な情報源の確保、あるいは情報の普及を担うと考えられたのである。

二つ目に、体制に不都合な情報を隠すことで正当性を維持していた権威主義国家は、苦境に陥ると考えられていた。この捉え方が最高潮に達したのは、2010年から2012年のことである。中東において「アラブの春」と呼ばれる民主化運動の連鎖が起こった。チュニジア、エジプト、リビアなど複数の国で、フェイスブックを中心とするソーシャルメディア上の投稿が政治体制・支配層に対する一般国民の怒りをエスカレートさせ、結果として独裁体制や権威主義体制をとる政権が転覆した。これを目の当たりにし、多くの研究者が、情報技術の発展が一握りのエリートによる情報独占を困難にし、支配力を低減させると考えた。結果、権威主義体制が窮地に追い込まれ、民主主義体制が力を得ると結論づけたのである。

三つ目はサイバー空間が生まれた時代背景に求めることができる。インターネットが普及し始めた時期は、およそ東西冷戦の終わりと同時期である。当時、冷戦終結によって民主主義体制の勝利が確定するという見方には説得力があった。[23] 実際に１９８９年にポーランドが民主化し、その後10年の間に16の国が民主化した。[24] サイバー空間を抜きにしても、世界は民主主義へと向かっていると信じられていたのである。

見逃されたディスインフォメーションの危険性

つまりサイバー空間と民主主義の関係は、１９９０年代において民主主義を救う救世主の役回りを期待され、２０２０年代において危機の要因として後ろ指さされる存在となってい

21　Dahl 2015, 187-197
22　Click 2002, 91
23　Bremmer 2010 および Fukuyama 1993
24　Hunt 2019

る。わずか30年弱の間に、かように大きな関係の変化が起こった原因はなんなのか。30年前の我々は、民主主義とサイバー空間について何を見逃していたのだろうか。そこには三つの誤解があった。順に述べる。

一つ目の誤算はディスインフォメーションの危険性である。我々は、サイバー空間において情報が個人にまで流通することを期待したが、その情報によって個人の思考が誘導される脅威を看過していた。

前章までで細かく論じたとおり、中国やロシアなどの権威主義国家はサイバー空間における個人の行動を細かく把握する能力を身に付けた。それだけでなく、サイバー空間を通じて個人の思考を操作し、誘導する試みも行っている。個人が情報を発信し、受信するサイバー空間においては、これまで大手メディアなどが果たしてきた事実を検証する機能などがない。個人はあらゆる種類の情報に直接触れ、自ら判断をくだすことになる。そこに個人の思考が誘導されるリスクがあるのである。

実は、その危険性は30年以上前から警告されていた。クリストファー・アタートンは「テレデモクラシー」と銘打った1988年の論文で、サイバー空間が政治をいかに変化させるかを論じた。アタートンは、サイバー空間には個人が自由に情報にアクセスできるメリットをもたらすが、同時に第三者によって思考を操作され、誘導される危険をもたらすと予言した。[25] 本書が論じてきたディスインフォメーションの危険が、30年前から明確なリスクとして指摘されていたのは興味深い。

離散のツールとしての民主主義

二つ目の誤算は、純粋に民主主義というシステムの持つ問題である。我々は、民主主義の合意を形成する力に期待し、民主主義が社会に分断をもたらす危険を看過していた。

多くの民主主義国家において、多数決の原理と、少数者を保護すべきというリベラルな価値観は一つのセットになって考えられている。我々が目指す、少数者の意見も重視される多様な社会は、細かく分断された社会と紙一重である。

技術の進歩により、選挙においては、「人々の分断を煽り、自らの支持者を投票に行かせるように動機付ける[26]」ことの重要性が増している。社会の共通項ではなく分断を強調し、その分断のどちらか一方の勢力に対して、相手方への敵対心を煽るのである。例えば、独立の時に14の州にわかれていた民主主義国家インドは、本稿執筆時点で28の州にわかれ、分断が進んでいる。民主主義は多様性の尊重、個人の価値観の尊重の代償として、「離散のツール[27]」の

25　Arterton 1988, 620
26　渡瀬 2019, 26

性質を帯びた。

そしてサイバー空間の情報を瞬時に拡散する力が、この離散する力を増幅させたのである。

力を増大させるテクノロジー企業

三つ目の誤算はサイバー空間のガバナンスの問題である。我々は、サイバー空間を民主主義の支配下に置く努力を怠った。サイバー空間をめぐるルールは未だ整っておらず、テクノロジー企業が否応無しにルールメーカーとしての役割を引き受けている。

サイバー空間において、政治体制や社会秩序に深刻な影響を与える情報が流通する危険性は古くから予見されていた。この問題を最初に国連でとりあげ、サイバー空間における国家による情報規制の必要性を提起したのは、驚くなかれ中国とロシアである。

2011年に中国、ロシア、タジキスタン、ウズベキスタンが国連に情報セキュリティの確保などを提案するサイバー空間の規範を提案した。同文書では国家によるサイバー空間における権利の確認、サイバー兵器や関連技術の規制、サイバー空間における資源の公平な配分などを定めるものだった。

この提案を日本や米国を含む民主主義国家は黙殺した。背景には、国家がサイバー空間を飛び交うコンテンツに口を出すことを正当化するような合意はできないという当時の常識があった。[28]

この選択の代償を、民主主義国家は今も支払い続けている。例えば、国家によるサイバー空間規制の提案を黙殺してからちょうど10年後の2021年の1月に、米連邦議会がトランプ支持者らによって襲撃された。

支持者たちは、前年に行われた大統領選挙でのトランプの敗戦が無効であると訴えた。2000人いたともされる議会の警備員は押し寄せる支持者を前に無力だった。トランプやその支持者はソーシャルメディア上で運動の拡大と過激化を呼びかけ続けた。呼びかけが大きな問題であることは明らかだったが、国家にサイバー空間を飛び交うコンテンツを即時に抑え込む能力はなかった。

結局、この事件が見せつけたのは、ソーシャルメディア企業、テクノロジー企業の強制力の強さだった。フェイスブック、インスタグラム、ツイッターといったソーシャルメディアは、襲撃が始まった数時間後にトランプ大統領の襲撃を煽る投稿を削除したり、アカウントの一時凍結を行ったりし、情報の流れを制御した。

27　Khanna 2017, 1
28　この当時の常識は「インターネットのフリーダムアジェンダ」などとも呼ばれる。前掲のゴールドスミスは民主主義の危機は、インターネットのフリーダムアジェンダの失敗によって引き起こされたと主張する一人である（Jack Goldsmith 2018）。

ツイッターはトランプ大統領のアカウントを、暴力を扇動する可能性があるとして、永久凍結した。トランプ大統領はパーラーというツイッターによく似た、過激な言説を許容するプラットフォームに活動の場を移し、発信を続けた。しかし、議会襲撃の2日後に、アップルとグーグルが自社のスマホの上でパーラーのアプリを排除した。iPhoneやAndroid OSを使うスマートフォンではパーラーは動かなくなったのである。アマゾンはパーラー社のサービス提供に不可欠なクラウドサービスの提供を打ち切った。

首謀者が自らの主張を支持者に直接届ける手段を失くしたことによって、暴動は勢いを失った。事件発生から1年がたって、この事件の調査にあたった米国下院の調査委員会メンバーは、これがトランプ大統領によって扇動された人々によるクーデター未遂であると結論づけた。このような民主主義に根ざした事後検証プロセスは必要である。しかし、もしツイッターやフェイスブックによるアカウント停止の動きが遅れたら、この事件はクーデター未遂では済まなかった可能性もある。「トランプ支持者のネットワークを抑え込んだのは、国家でなくプラットフォーマーだった[29]」のである。

政治体制を問わず、国家がこれまで保有していた力の一部が、テクノロジー企業によって握られているのである。

民主主義の守り方

民主主義にかわる統治システムの模索

前節に指摘した複数の誤算が、民主主義を危機に追いやっている。本節ではこの危機への処方箋を考えていく。

民主主義の守り方を検討する前に、無視できないのは、民主主義の維持や強化でなくそれに代わる統治のシステムを模索するべきという考え方があることである。

代表的な論者としては、グローバリゼーション研究の俊英パラグ・カンナがあげられる。カンナは、民主主義に批判的であった古代ギリシャの哲学者プラトン[30]が、サイバー空間を含む現代社会を統治するならどういったアプローチをとるだろうか、という思考実験を行う。背

29　若江 2021, 270
30　プラトンが民主主義に懐疑的な理由の一つは、師であるソクラテスが民衆裁判にかけられ、民主的な裁判の結果として死んでいったからである。この経験からプラトンは民主主義ではなく「何が道徳的に正しいか、良き生活、良き徳とは何かを知る哲学者こそが統治を行うべき」と主張した（宇野 2020: 75）。

景にあるのは中国やシンガポールなどの、民主主義をとらない国家が現代において効果的に問題を解決し、経済的に成功しているという事実である。

カンナがたどり着いた結論は、民主主義それ自体は目的ではなく手段であるということである。真の目的は効果的なガバナンスと、国家全体の幸福の最大化にある。そして、現在の民主主義に変わる手段として、少数の公益の守護者（エリート）によって率いられるテクノクラシーと民主主義のブレンドを提案している。シンガポールのように専門家が決定を下し、スイスのように政治に強い関心を持つ国民がそれを監視するという形態である。

これはしかし、セキュリティやリスクに係る専門知を、広い意味で政治のもとに置くにはどうすべきか、という別の難問の入り口でもある。カンナの描く統治システムは「いかにしてデモクラシーによってテクノクラシーの跋扈を抑え込むか[31]」という古くからの科学技術政策につきまとう問題を解決しなければならない。

それは近い将来解決できるような課題ではない。したがって、ここでは、我々に残された選択肢は、民主主義に代わる統治のシステムを探すことではなく、民主主義の維持や強化であるという前提で論を進めたい。

民主主義のジレンマ

民主主義の維持や強化について民主主義国は大きなジレンマに直面している。「情報をめぐる競争において積極的な対策をとる必要がある、一方で、そのやり方を間違えれば権威主義のやり方の模倣となり、権威主義が求めてきたコントロールされた世界を生み出してしまう」[32]ということだ。

このジレンマの解決策は今のところ見つかっていない。本書の第2章にも登場した、ジョセフ・ナイは、孔子学院という団体を通した中国政府の中国語教育や文化交流の取り組みを規制しようとする米国の動きを批判している。中国語教育をする組織が多数あること、それを中国政府が支援していることはシャープパワーではないからだ[33]。孔子学院が学問の自由や民主主義を侵害するような動きをしたら、その時初めて対抗措置をとるべきだというのがナイの主張である。

民主主義国家には、権威主義モデルを模倣しないよう注意を払いながら、対抗措置の発動をギリギリまで遅らせる慎重さが求められている。

31　ベック 2014・神里 2015, 31
32　Rosenberger 2020, 147
33　魅力(attraction)によって動かすのがソフトパワー、仕向ける(coercion)のがシャープパワーというのがここでの定義である。二つの概念の違いは、現代において曖昧になっている(Nye 2019, 7)。

自由な情報の流通の堅持を

民主主義のジレンマにも関係するが、自由な情報の流通を確保するために政治的なリソースを投入する必要がある。サイバー空間における自由な情報の流通の重要性はＧ７などの先進民主国の間で繰り返し確認されている。そして実は多くの権威主義国家もスローガンのレベルではその価値を認めている。したがって、それらの遵守を権威主義国家、特に中国に対して要求し続ける必要がある。

自由な情報の流通を求める際には、それが人権確保に資するというアプローチが最も受け入れられる可能性の高いストーリーである。サイバー空間にアクセスし、情報を得ること、そしてサイバー空間におけるプライバシーが確保されることは、基本的人権の範疇という認識を醸成していくべきである。

民主主義の土台・選挙の防護

選挙は現代の民主主義体制のアキレス腱である。サイバー空間において体制間競争がおきていると捉えた場合、脆弱な選挙プロセスというのは民主主義陣営のみが抱えるリスクである。なおかつ現在のところ、他国の選挙プロセスへの干渉が、内政への干渉とみなされるか否かについて定まった意見がない。[34] サイバー空間における規範を作る動きの中で、選挙プロセスの保護が謳われており、民主主義陣営はこのような活動をバックアップしていくべきである。

日本においてはインターネット選挙、オンライン選挙などの検討が長年行われてきたが、筆者は選挙システムのデジタル化に否定的である。選挙には二つの目的がある。一つは自明で、正しく勝者を選択することである。デジタル化すれば利便性が増し、投票率の上昇、コスト削減、手続きの迅速化などの恩恵がもたらされるだろう。

あまり意識されない選挙の二つ目の目的は、敗者に負けを受け入れさせることである。[35] 近隣の小学校の体育館を貸し切り、候補者の名前が記された投票用紙を二重三重に確認し、集計するという現在の投票システムは非効率な側面はあるにせよ、敗者に結果の真正さを疑わせないだけの信頼と実績がある。

一方でデジタル化されたシステムにおいて、選挙不正が皆無であったことを証明するのは、当面不可能である。したがって、民主主義の保護の観点から、選挙システムは現行のものを

34　選挙システムへのサイバー攻撃については、タリンマニュアルにおいて、国際法、特に戦時国際法の専門家によって「白よりのグレーゾーン」と結論されている。
35　Schneier 2018

維持すべきである。

力関係を変えるデータの分散

情報の格差を緩和するには、可能な限りデータを分散することが好ましい。個人は、サイバー空間を通してアクセスできるようになった情報から力を得ているのに対し、テクノロジー企業や権威主義国家はゲートキーパー（門番）としての立場から力を得ているからである。この力の関係を変える必要がある。

この観点から、ブロックチェーン技術や、ゲートキーパーに情報の中身を渡さないエンドツーエンドの暗号化などの技術を採用することが好ましい。非中央集権的システムの採用は民主主義を強化する。

一方で、例えばブロックチェーン技術を採用した仮想通貨が、反社会的勢力によってマネーロンダリングに用いられたり、エンドツーエンド暗号を採用したメッセージアプリが、テロリスト同士の連絡に用いられたりと、社会の統制を確実に困難にする。それらの副作用は、サイバー空間における民主主義のコストととらえて受容していくのが、権威主義陣営との体制間競争の観点から必要となる戦略である。

「テクノロジーによる民主主義」への期待

本章では、サイバー空間とそのテクノロジーが民主主義という政治形態全般に与える影響を確認した。

１９９０年代に民主主義を救うと期待されたサイバー空間は、２０２０年代において危機の要因として後ろ指さされるようになった。そこにはディスインフォメーションの危険性、集団に分断をもたらす民主主義の特質、そしてサイバー空間を民主主義の支配下に置く努力を怠ったという三つの敗因があった。

今後の道筋について、まず民主主義を代替できるような統治の方法はなく、民主主義の綻びに粘り強く付き合っていくことを主張し、自由な情報の流通という原則の維持や選挙・国勢調査システムの保護、非中央集権的システムの採用などの具体策を提示した。

再び宇野の言葉を借りれば、「民主主義は何度も危機を乗り越えてきた。試練に晒され、苦悶し、それでも死なずにきた」のである。今回もサイバー空間がもたらす脅威を乗り越える方策が見つかるはずである。しかし、その方策を発案し、開発し、実施するのが民主主義国家であるかは不明である。技術力とデータを豊富に保有するテクノロジー企業が、この課題を解決する可能性もある。

サイバー空間と民主主義の未来について想いを巡らすとき、王力雄という中国人ＳＦ作家の言葉が思い起こされる。王は、やはり作家であるチベット人の妻とともに中国本土で民主化運動を率いてきた。新疆ウイグル自治区やチベットでの問題について政治活動を行ってい
る。少し長くなるが王の小説『セレモニー』のあとがきから引用したい。

「民主主義を獲得するための戦いはどこへ向かうべきであるのか。外部から倒せない
とすれば、内部にいる私たちは、一体何ができるのか。これに対しての簡単な答えは
ない。私はひとつだけを言うに止める。独裁とテクノロジーが結合するのであれば、
民主主義もまたテクノロジーとの結合を目指すべきであると。独裁が日進月歩に更新
されるのであれば、従来のままの民主主義が太刀打ちできるわけはない。テクノロジ
ーによる民主主義のみが、テクノロジーによる独裁に、最終的に勝利できるだろう」[36]

王は「テクノロジーによる民主主義」を待望しておきながら、その内容について多くを語
っていない。残念ながら、王が既にある技術の応用を想定しているのか、今は存在しない新
たな技術を示しているのか定かでない。

確かなのは、サイバー空間の歴史は、たった50年で、誕生し、世界中に広まり、社会を大
きく変革したという事実である。米国のSF小説家が1980年代に作った、サイバースペ
ースという概念は[37]、現代の我々の生活に不可欠なものになっている。未だ見ぬ「テクノロジ

ーによる民主主義」がＳＦ小説を飛び出し、現実のものとなる日はそう遠くないのではないか。

参考資料

・ウィリアム・ギブスン『ニューロマンサー』早川書房、１９８６年
・ジャレッド・コーエン、エリック・シュミット『第五の権力：Googleには見えている未来』櫻井祐子訳、ダイヤモンド社、２０１４年
・ウルリッヒ・ベック『世界リスク社会』山本啓訳、法政大学出版局、２０１４年
・宇野重規『民主主義とは何か』講談社、２０２０年
・王力雄『セレモニー』金谷譲訳、藤原書店、２０１９年
・神里達博「第1章 リスク社会における安全保障と専門知」『シリーズ日本の安全保障7 技術・環境・エネルギーの連動リスク』pp. 19–48、岩波書店、２０１５年
・若江雅子『膨張ＧＡＦＡとの闘い：デジタル敗戦 霞が関は何をしたのか』中央公論新社、２０２１年
・渡瀬裕哉『なぜ、成熟した民主主義は分断を生み出すのか：アメリカから世界に拡散する格差と分断の構図』すばる舎、２０１９年
・Arterton, F. Christopher. "Political Participation and 'Teledemocracy.'" *PS: Political Science and Politics* 21 (3): 620–27, 1988.
・Bremmer, Ian. *The End of the Free Market: Who Wins the War Between States and Corporations?* Kindle Edi, Portfolio, 2010.

36　王 2019, 431
37　ギブスン 1986

- Crick, Bernard. *Democracy : A Very Short Introduction.* Oxford University Press, 2002.
- Dahl, Robert A. "What Political Institutions Does Large-Scale Democracy Require?" Political Science Quarterly 120 (2): 187–97, 2005.
- Freedom House. FREEDOM IN THE WORLD 2022: The Global Expansion of Authoritarian Rule,2022
- Fukuyama, Francis. *The End of History and the Last Man.* Kindle Edi, Penguin,1993.
- Goldsmith, Jack and Stuart Russell. "Strengths Become Vulnerabilities: How a Digital World Disadvantages the United States and Its International Relations." Hoover Institute, 2018
- Goldsmith, Jack. "The Failure of Internet Freedom." Knight First Amendment Institute, 2018, https://knightcolumbia.org/content/failure-internet-freedom
- Hunt, Jeremy. "Deterrence in the Cyber Age: Foreign Secretary's Speech." GOV.UK, 2019, https://www.gov.uk/government/speeches/deterrence-in-the-cyber-age-speech-by-the-foreign-secretary
- Jankowicz, Nina. "How Disinformation Corrodes Democracy." *Foreign Affairs*, 2021.
- Khanna, Parag. *Technocracy in America: Rise of the Info-State.* Kindle Edi. CreateSpace Independent Publishing Platform, 2017.
- Mueller, Milton. "Keynote: Sovereignty and Cyberspace: What Is the Future of Global Internet Compatibility?" The Hague Program for Cyber Norms, 2020, https://www.youtube.com/watch?v=pyE29pX9HBE
- Nye Jr., Joseph S. "Protecting Democracy in an Era of Cyber Information War." Belfer Center (February),2019.
- Rosenberger, Laura. "Making Cyberspace Safe for Democracy: The New Landscape of Information Competition." *Foreign Affairs* 99 (3): 146–59, 2020.
- Schneier, Bruce. "American Elections Are Too Easy to Hack. We Must Take Action Now." The Guardian, 2018, https://www.theguardian.com/commentisfree/2018/apr/18/american-elections-hack-bruce-scheier
- World Values Survey. "WVS Database." WVS, 2022, https://www.worldvaluessurvey.org/wvs.jsp

終章 日本の情報安全保障はどうあるべきか

小泉悠
桒原響子
小宮山功一朗

本書では、現在の世界で展開されている情報戦のありようを、さまざまな角度から検証してきた。そこで最後に、ここから日本が汲み取るべき教訓を論じてみたい。

情報戦は日本にも及ぶ

これまで論じてきた内容からも明らかなとおり、情報戦はもはや特別な闘争手段ではない。それは現代世界における日常なのであって、日本だけが例外でいられると考えるべきではないだろう。従来、そこには日本語の複雑性という壁が存在してきたが、ＡＩ翻訳技術などの精度が向上すれば、言語障壁は破られ、情報戦の波が日本に押し寄せる可能性は強まる。

さらに言えば、情報戦は物理空間における戦争のようにある日、はっきりした形でやってくるわけではない。ある社会の内部に存在する政府への不信感や社会的分断を利用して徐々に展開されていくのが情報戦であり、日本は既にその初期段階にある。

ＳＮＳを見ているとすぐに気付くが、日本のインターネット空間には陰謀論的な世界観を強く信じる層がかなりの規模で存在する。米国のＱアノンになぞらえて「Ｊアノン」とも呼ばれる彼らは、米国が「闇の政府（ディープステート）に支配されている」、「コロナウイルス用ワクチンは国民を奴隷化するための政府の陰謀である」といった主張を繰り返してきた。

ロシア・ウクライナ戦争の開戦前後には新たな傾向が現れた。「ウクライナには米国の生物兵器研究所が存在する」というロシア政府の主張（プーチン大統領の開戦宣言演説で取り上げられたもの）を拡散するようになったことがそれだ。その発信源となったのは在日ロシア大使館のツイッターアカウントであることが統計的な調査で確認されているが、これは日本社会にもともと存在していた認知の歪みをロシア政府がついた事例と言えるだろう。

もちろん、これは一部の特殊な世界観の内部における現象であって、日本社会全体がロシア政府の主張を支持するに至ったわけではない。しかし、ロシアの情報戦に関して見たように、情報戦は人々の思考を180度転換させようとするとは限らず、何が事実であるのかをわからなくすることが目的であるという場合も少なくない。テクノロジーの進歩による言語障壁の低下と、国民全体を不安にさせるような突発的事態がここに加わった場合、日本社会のかなりの範囲が情報戦の影響を受ける可能性は排除できないだろう。

例えば、軍事的緊張が高まってはいるが、公然の戦争には至らないグレーゾーン事態――日本と外国の間で小規模な武力衝突が発生するような状況を考えてみたい。先に挑発的な行動や攻撃を行ったのはどちらの側なのか。民間人に被害が出たとするとその責任はどちらにあるのか。民間人やメディアの目が届かない海上や空中で起きた事態の真相は、当初、曖昧である可能性が高く、敵対国は大規模なディスインフォメーションによって混乱に拍車をかけようとするかもしれない。マレーシア航空17便の撃墜事件でロシアが展開した情報戦はまさにこのようなものであり、今後はＡＩが作り出した偽の「映像証拠」（いわゆるディープフェイク）がここに加わることも考えられる。

日本がこうした状況に置かれた場合、政府が公式見解を発表するだけでは明らかに不十分だ。「日本政府は嘘をついている」という新たなディスインフォメーションが拡散されるだけだということは容易に想像されるからである。かといって、現在の日本には外国のディスインフォメーションを即座に否定したり、国際社会の理解を得るための発信を行うための仕組みや組織も存在していない。客観的な事実は後に明らかになるとしても、その時にはディスインフォメーションは国民や国際社会の一部に深く浸透してしまっているだろう。このような状況に陥ってしまえば、例え戦闘で勝利することはできても、それは「侵略的行為」であるとか、「過剰な力の行使」と認識され、かえって我が国の立場を悪化させかねない。

求められる情報安全保障のあり方

では、我が国として求められる対策はどのようなものだろうか。何よりも必要なのは、情報が闘争手段となったという現実を認め、安全保障の一領域として位置付けること——情報安全保障の概念を持つことである。

しかし、これも口で言うほど簡単なことではない。台湾では、中国からの情報戦や選挙介入の脅威に日常的に晒されていることから、市民のディスインフォメーションに対する脅威認識は高い。２０２１年12月に日米台のシンクタンクが共催した安全保障対話では、ディスインフォメーションへの脅威や対策の重要性についても米台の専門家によって危機感をもって議論された。翻って、これまで言語障壁に守られてきた日本の社会が、こうした危機感を共有し、我が国としての情報安全保障政策を作っていけるかどうかは今後に委ねられている。

そこで今度は、情報安全保障のためのより具体的な課題について考えてみよう。

第一に、ディスインフォメーションの脅威から国民を守るためには、政府が適切な現状分析に基づく危機意識を国民と共有し、国民の支持の下に対策の枠組みを構築する必要がある。これなくしては、「情報安全保障」は「政府による情報統制」とみなされかねず、かえってディスインフォメーションの効果を増幅しかねない。

第二に、ディスインフォメーション対策においては、関係府省庁の横断的な対応を可能とする体制づくりが求められる。例えば安全保障政策全体を管轄する国家安全保障局（ＮＳＳ）などが指揮・統括などの中心的役割を果たすことが考えられよう。また、防衛省は２０２２年４月１日、ディスインフォメーションの流布などの海外からの宣伝工作について分析する「グローバル戦略情報官」の役職を新設した。諸外国による対外発信の戦略的意図やディスインフォメーションなどの影響を踏まえ、政府全体の情報業務への貢献を目指すとしている。これまでこうしたポストが政府内に存在しなかったことに鑑みれば大きな前進ではあるものの、これにより実際のディスインフォメーション対策の実施と対策における関係府省庁間の連携がどこまで可能になるかは今後の課題となろう。

第三に、ディスインフォメーション対策では、官が民と連携する努力も重要である。平時から官民両面でのサイバー攻撃の監視をはじめ、ファクトチェックや国民のリテラシー教育などに取り組む組織の支援、プラットフォーム企業やメディア、シンクタンクなどとの情報共有の仕組みづくり、各アクターの役割分担などについて、さらなる議論と検討を進める必要がある。

なかでも、ファクトチェックに対する理解の促進およびファクトチェック機能強化のための取り組みは、表現の自由の確保の観点から必ずしも政府が主導する必要はないものの、日本社会において最重要事項の一つでもある。メディアや民間企業、市民団体などによる検討が早期に開始されることが重要だ。

第四に、国民の表現の自由が保障されることは絶対的に重要である。第1章でみてきたように、諸外国で行われているディスインフォメーション対策とそれが引き起こす弊害の事例などについても十分に検討されるべきだ。難しいのは、法整備では、その法律を政府が恣意的に利用する可能性もあり、言論の自由および報道の自由を弾圧することになりかねず、結果として、ディスインフォメーション対策が民主主義の根幹を揺るがす脅威となりうるという点である（表現の自由の問題については次節で改めて述べる）。

第五に、ジャーナリズムの位置付けが挙げられる。ジャーナリズムは、「ディスインフォメーションに対する最も有効なワクチン」であるという言葉がある。そうした意味でも、メディアは自らの役割について再確認することも重要である。同時に、国民一人ひとりが情報の真偽や価値判断能力を身に付けていることがディスインフォメーションへの最も強固な抑止力となること、そのための官民両面での不断な努力が必要であることは、決して忘れられてはならない。政府にせよ、プラットフォーム企業にせよ、市民団体にせよ、個人にせよ、各アクターが適切に対応することで、ディスインフォメーション対策として十分に効果を挙げることが可能となり、その過程で表現の自由が脅かされるリスクも減るのだ。

第六に、国際協力を推進することも重要となろう。民主主義の価値を共有する国や地域とさまざまなレベルで連携し、対策における協力メカニズムを模索していくことが求められる。同盟国米国のみならず、台湾有事を念頭に、台湾との協力メカニズムを構築することも有用であろう。

もとより、日本には、ディスインフォメーションへの警戒を怠らないための努力と並行して、有事に導かないための能動的な外交を強化する努力が必要であることはもう一度強調しておきたい。米国が台湾有事に介入しないと中国が認識した時は、中国の台湾への武力侵攻に対するハードルが下がる。そうした事態を招かぬよう、米国をはじめとする諸外国との防衛協力と並行し、中国に対しては国際社会のルールを守らせるための外交アプローチによって、武力行使を容認しないという意思を明確に示していくことが強く求められる。

「表現の自由」という難問

ディスインフォメーション対策と表現の自由を両立させることが極めて難しい問題であることは、世界各地での動きに鑑みても一目瞭然である。言論の自由や報道の自由など、表現の自由への配慮は、ディスインフォメーション対策を進めるにあたって最大の検討要素となる。海外の事例で見てきたように、世界的なディスインフォメーションの広がりとそれへの対策が、結果として、表現の自由を抑圧する可能性があるということを考慮すべきであろう。特に政府がディスインフォメーション対策において前面に出すぎると、それが情報統制や市民の表現の自由を奪うことにつながりうる。

対策においてSNSを運営するプラットフォーム企業がより厳格な対策を講じるべきだという考え方もあるが、プラットフォーム企業が独自の判断によりコンテンツを制限あるいはアカウントを削除することについても賛否が分かれる。米電気自動車大手テスラの最高経営責任者であるイーロン・マスク氏はツイッターの買収提案時、買収の狙いについて、ツイッターを言論の自由のための場にするためであるとし、ツイッターのアルゴリズムをオープンソースにしコンテンツへの介入を最小限に留めるべきであると発言していた。これまで大手プラットフォーム企業は、ユーザーの安全を脅かすコンテンツや暴力の扇動につながるコンテンツはサービス品質を損なうとして、アカウント凍結などの措置を講じてきているが、こうした動きは最近加速傾向にあるという見方もある。コロナ禍で多くのディスインフォメーションやミスインフォメーションがSNSを介して拡散されたことで、プラットフォーム企業に対する批判が集まったことがきっかけだという。バイデン大統領も、ワクチンに関するディスインフォメーションやミスインフォメーションの拡散容認について、フェイスブックなどのプラットフォーム企業は「人命を奪っている」と非難していた。

一方、表現の自由のもとでは、ディスインフォメーションやミスインフォメーションもその範囲内であり、法整備やプラットフォーム企業によって表現の自由が侵害されるべきではないとの見方もある。この考えのもとでは、表現の自由が保障された環境を維持するために法整備で情報や言論を統制するのではなく、ディスインフォメーションやミスインフォメーションには別の情報や反論をもって対処することが望ましいとされる。

一方で、言論の自由を無制限に許容できないこともまた、事実である。ヘイトスピーチの法的規制は世界中に広がっている。誹謗中傷や名誉棄損、児童ポルノ、暴力の扇動などは、まさに人々の権利を守るために規制すべきである。同時に、既に一部の権威主義国家などが講じている名ばかりの「フェイクニュース対策」のように、行き過ぎた法整備や政府による検閲、監視はあってはならない。

では、どうすればよいか。第1章の初めに記した情報拡散プロセスでも見たように、健全な民主主義社会を維持するためのディスインフォメーション対策には、国民一人ひとりの情報リテラシーおよびメディアリテラシーを高めることが不可欠だ。台湾では、一部の市民団体やシンクタンクなどが地域の教育機関などと連携し中高生に対するメディアリテラシー促進のための講座を開講するなどの取り組みを実施しているが、そうした努力も一案である。また、信頼できる情報源を確保することも重要だ。そうした意味でも、ファクトチェックは重要な取り組みとなろう。

また、政府に頼ることなく、プラットフォーム企業などが厳しい方針で臨むことが、悪意のあるディスインフォメーションの拡散を防ぐことにもつながるだろう。ツイッターは、2020年3月から「合成または操作されたメディアに関するポリシー」を設けるようになった。合成または操作されたメディア、誤解を招くメディア（画像、動画、音声、GIF画像、誤解を招くコンテンツをホストするURLなど）を含むコンテンツにラベルを付けることで、ツイッターユーザーにコンテンツについて「知らせる」ようになったのだ。言い換えれば、これはユーザーの目にする情報の正確性について考えさせるための方針ということでもあろう。一般に、こうした「ラベリング」はディスインフォメーション対策には一定の効果があるとされる。同時に、「フェイクニュース」や「ディスインフォメーション」といったラベルが当たり前のように使用されることで、真実や正確なニュース全体の信頼度にまで影響してくる（つまり、ニュース全般に対する信用が下がる）危険があるとの指摘もあり、これも完全な対策にはならない。

　このように、ディスインフォメーション対策には諸刃の剣という側面がある。それでも、我が国がここから目を背けることはもはや不可能であって、その弊害に留意しつつも国民的な議論の下に対策を進めていくほかない。本書はそのための議論の入り口として書かれたものである。

参考資料

・シナン・アラル『デマの影響力』ダイヤモンド社、２０２２年

巻末鼎談

小泉悠
桒原響子
小宮山功一朗

本書を執筆した3人に、ロシアが介入したとされる2016年の米大統領選挙やロシアによるウクライナ侵攻、台湾有事について各専門分野の観点からより深く掘り下げ、さらにはディスインフォメーションに対する個人レベルの具体的な対策など、改めて語ってもらった。

新たな時代の安全保障体制の構築を

――最初に、小泉さん、桒原さん、小宮山さんのお三方でディスインフォメーションについて一冊の書籍にまとめることになった経緯について教えていただけますか。

小泉　私が現在講師として勤務している東京大学先端科学技術研究センターにROLE

S（東大先端研創発戦略研究オープンラボ）という組織があります。その中で、従来の安全保障に収まらないさまざまな問題を扱うため、多くのプロジェクト・分科会を立ち上げていますが、我々3人は「新領域の諸問題に関する分科会」のメンバーとして活動しています。

情報通信技術（ICT）や人工知能（AI）に代表される新技術の登場により、安全保障をめぐる環境は大きく変容しています。また、戦争と平和をめぐる伝統的安全保障、気候変動や感染症などの非伝統的安全保障という枠組みだけでは捉えきれない、人々の認知をめぐる情報空間の安全保障といった新たな枠組みの必要性も提起されるようになってきました。この分科会では、その最新動向について研究を行うとともに、既存領域における安全保障との関係性についても考えていくことを目的としています。

従来型の安全保障に収まらない問題を取り扱う上で、ディスインフォメーションは大きな柱の一つになっています。分科会にはエストニアや台湾など諸地域の専門家のほか、核戦略の専門家や量子技術の専門家まで幅広いメンバーが揃っているんです。そうしたメンバーによる最先端の議論の模様は、中央省庁の皆さんに、オンラインラジオのような形で執務の合間に聞いていただけるような工夫も凝らしています。

小泉悠

Koizumi Yu

東京大学先端科学技術研究センター講師。専門はロシアの軍事・安全保障政策。早稲田大学大学院政治学研究科（修士課程）修了後、民間企業勤務、外務省国際情報統括官組織専門分析員、公益財団法人未来工学研究所研究員、東京大学先端科学技術研究センター特任助教などを経て2022年から現職。主著に『ウクライナ戦争』（筑摩書房）、『現代ロシアの軍事戦略』（筑摩書房）、『「帝国」ロシアの地政学』（東京堂出版）などがある。

桒原　ディスインフォメーションのような目新しいテーマを取り扱った書籍は日本にはまだあまり存在しません。そこで、私が小泉さんに共著で書籍にしませんかとお誘いしたのがきっかけですね。ただ、私はディスインフォメーションやパブリック・ディプロマシーの理論、中国の情報戦について、小泉さんがロシアや旧ソ連の安全保障、戦争と情報戦などについて書くことができ、もちろんそれだけでも貴重な情報源になるとは思ったのですが、一方で、両方のテーマに共通する領域の中でも最も重要なサイバー空間における活動に焦点を当てた話が欠落し、国際政治の平面的な考察にとどまってしまうともったいないとも思ったんです。そこで、より立体的な考察を求めて、サイバーセキュリティがご専門の小宮山さんにも執筆メンバーに加わっていただきました。全体を読み返してみると、日本で出版されている外交・安全保障分野に関する書籍で、ここまでサイバー空間における民主主義への挑戦と防御に切り込んだ内容のものはほとんどないと思います。

概念を取り扱う難しさ

小泉　今回ディスインフォメーションをテーマに一冊の書籍にまとめて、改めて思ったことがあります。それは特に桒原さんの章を読めば理解していただけると思うのですが、こうした「概念」を扱うことは非常に難しいのです。例えば、（自国の国益のために、相手国の世論に訴えかけ、自国のイメージやプレゼンスを高める）パブリック・ディプロマシーとプロパガンダは表裏一体でもありますし、それらとシャープパワーをどう区別するか、などについては難しい問題ですね。

楽原　確かにそうですね。小宮山さんが執筆されていますが、中国教育部直轄の機関「中国国家漢語国際推広領導小組弁公室」（漢弁）によって運営され、世界中の大学などに設置されている孔子学院は、パブリック・ディプロマシーの一環ともされていますが、米国政府はシャープパワーであるとみなします。しかし、米国の政治学者ジョセフ・ナイというソフトパワーという概念を提唱した人物からは、孔子学院は「シャープパワーではない」との指摘もされます。ジョセフ・ナイは「学問の自由を脅かすようなことがあれば、そこで初めて議論されるべきであり、現段階では（中国語教育をする組織が多数あり、それを中国政府が支援することは）シャープパワーと言うべきではない」と発言しているんです。要するに、捉え方次第のような部分が少なからずあると言えます。

対する米国も9・11を経て、中東に対するパブリック・ディプロマシーの予算を増額し、対米世論づくりのためにさまざまな情報を発信してきました。しかし、結果的にうまくいきませんでした。中東の人たちの目には、米国の発信は独りよがりでプロパガンダであると映ったのでしょう。

小泉　誰をターゲットにし、何を目的にするかによっても変わってくると思います。ロシアや中国が行っているプロパガンダでは、日本や欧米諸国からすれば相手にしてもらえないレベルの言説を流布している。でも、スペイン語圏やアラビア語圏など反米感情のある地域では意外と共感が集まっているんです。

ディスインフォメーション対策で遅れをとる日本

桒原響子

Kuwahara Kyoko

日本国際問題研究所研究員。大阪大学大学院国際公共政策研究科修士課程修了（国際公共政策）。外務省大臣官房戦略的対外発信拠点室外務事務官、未来工学研究所研究員などを経て、現職。京都大学レジリエンス実践ユニット特任助教などを兼務。2022〜2023年は、マクドナルド・ローリエ・インスティテュート客員研究員としてオタワで活動するとともに、米国シュミット財団（Schmidt Futures）2023 The International Strategy Forumフェローとしても活動。著書に、『なぜ日本の「正しさ」は世界に伝わらないのか：日中韓 熾烈なイメージ戦』（ウェッジ）、『AFTER SHARP POWER：米中新冷戦の幕開け』（共著、東洋経済新報社）。

小宮山功一朗

Komiyama Koichiro

一般社団法人JPCERTコーディネーションセンターで国際部部長として、サイバーセキュリティインシデントへの対応業務にあたる。慶應義塾大学SFC研究所上席所員を兼任。FIRST.Org理事、サイバースペースの安定性に関するグローバル委員会のワーキンググループ副チェアなどを歴任した。博士（政策・メディア）。

——先ほど、桒原さんが仰ったように、関連書籍があまりないということは先進国の中で日本はディスインフォメーションに対する認識が遅れているということでしょうか？

桒原　G7の中で日本が最も遅れていると言っても過言ではありません。米国や欧州諸国に比べ、ディスインフォメーションによる深刻な脅威に晒された経験がないからです。そうなると、どうしてもディスインフォメーションをめぐる外交・安全保障上のプライオリティが下がってしまいます。事実、日本はこれまで中国や韓国などの反日的な宣伝に対し、「訂正」「反論」「申し入れ」で対抗してきましたが、米国などであまり成果を上げることができませんでした。日本政府が表立って反論する姿は、言い訳がましく映ったのでしょう。

欧米諸国がディスインフォメーションを警戒するに至った大きなきっかけの一つは、本編でも多くのページを割いて触れた2016年の米大統領選挙です。外国勢力がソーシャルメディアを介して米国の民主主義に大きな影響を与えた可能性のある出来事として、世界からの注目が一気に高まった。これにより、特に民主主義を重んじる国や地域では、ロシアや中国といった権威主義国家によるディスインフォメーションの脅威を防ぎ、民主主義を守ろうという共通の認識が徐々に形成されていきました。

そして、2020年から今なお続く、新型コロナウイルス感染症がその傾向に拍車をかけました。例えば、「ワクチン接種が不妊につながる」「漂白剤や大量のアルコールを飲めばウイルスが死滅する」といったものから、欧米で開発されたワクチンの効果を貶めるような言説まで、さまざまな虚偽の情報が広がりました。そうしたディスインフォメーションの類が広く流布されたことで多くの命が奪われてしまったのです。

そうした状況下で、日本政府、特に外務省もディスインフォメーション対策の必要性についてようやく認識し始めたのですが、欧米諸国に比べるとまだまだ脅威認識や対策について後塵を拝しているのが現状です。

小宮山　２０１６年の米大統領選に関しては、GoogleやFacebookといったテックジャイアントが、サイバー上でどういったキャンペーンを行えば選挙に勝てるか、各社がトランプの選挙対策チームにアドバイザーを送っているんです。

小泉　各自の章で２０１６年の米大統領選に関しては触れてはいますし、大きな出来事ではあります。ただ、あの出来事に関する書籍はたくさん出ているので、我々３人が「あの選挙で何が起きたのか」のみにスポットライトを当てる必要はないかなと初期段階で話し合っていたんです。我々３人の強みとしても、「介入する側の論理」を深堀りするほうが面白いのではないかと考えました。

桒原　そうですね。小泉さんが第3章で表現されていた「行いによるプロパガンダ」という言葉にも象徴されていると思います。ロシアが、サイバー攻撃などで盗み出した米国にとって不都合な真実を公にすることで、米国の人々が自国の体制に不信感を抱き政治的な価値を見出せなくなることを狙うということを仰っていますね。先の米大統領選では、もともと社会に存在していた分断を誘発しやすい要素が利用されたことも、米国社会の分断に一定程度の役割を果たしてしまった。例えば、人種や宗教、性別、銃など、政治、経済、社会に存在していた種々の問題に関するさまざまな情報が人々をたきつけた。

小泉　ヒラリー・クリントン候補陣営の関係者や民主党がワシントンD.C.のピザ屋「コメット・ピンポン」を拠点に児童買春や人身売買に関わっている、というディスインフォメーションの拡散を象徴する「ピザゲート事件」というのもありましたね。

桒原　信じない人たちは「デマに決まっている」と考えるわけです。一方でそれを本気で信じる人たちがいる。そうした人たちは、メディアや公的機関がいくら否定したとしても、自らが信じたい情報、そうであってほしいと願う結末を信じ続けてしまうのです。こういった現象が２０２１年の米国議会襲撃事件にまで繋がっていったのだと思います。

　小泉さんが第３章で述べられていたことを見ると、なるほどと納得します。ロシアが米国に対して行ったような情報戦で一番効率的なのは、先ほども申し上げたように、社会の分断を誘発しやすい要素を用いて攻撃することに加え、個人レベルでその考え方を増幅させることです。個々で見れば小さな変化であっても、それがまとまれば、大きな力となり、社会が動く。社会が分断されれば、結果的に政治にも影響します。情報戦を仕掛ける側の論理としては、自国の外交あるいは政策に有利な環境が整うわけです。

小泉　ロシアは、事前にデータサイエンティストを含む人員を米国へ派遣し、世論調査を念入りに行いました。そして結果的に選挙に大打撃を与えることに成功したのです。そういったサイバー空間での狡猾さからは、最先端の技術を利用するギークの集まりのような集団をイメージしますよね。でも実はそうでもないようです。

モスクワ大学の情報安全保障研究所という情報戦の研究機関を訪れたことがあります。最先端のキラキラしたビルの中にでもあるのかと思って行くと、モスクワ大学の隅の古い建物なんですよ。しかも、研究員はドストエフスキーのような人たちで、極めて人間くさいんです。でも、「人間」を十分にわかっている人たちだからこそ、情報戦に長けているのかなと感じました。やはり、最終的に操作対象は人間ですからね。たとえ、サイバー戦におけるロシアの能力が世界トップでなくても、米国にあれほどまでの打撃を加えられたのは、社会の弱みがどこにあるのかという人文的な知見を持ち合わせているが故かもしれません。もちろん、サイバー戦でテクノロジー力はマストではありますが。ただ、ロシアの情報戦のイメージがインフレを起こしていることも最近感じています。

過大評価されるロシアの情報戦

――それはつまり、今回（2022年）のロシアのウクライナ侵攻に関して、ロシアの情報戦が劣化したということでしょうか？

小泉　今回は下手ですね。少なくとも欧米諸国が信じるに足るような情報戦は展開できていない。例えば、プーチン大統領は「ウクライナは親ナチスで虐殺をしている」とか、「核兵器や生物兵器を作っている」などと言っています。それらの内容は、公的機関の報告を確認すればすぐに反駁できてしまう程度のものです。虐殺の件で言えば、国連の高等人権弁務官事務所が毎年発行しているレポートを見ると、昨年ドンバス地方では25人が亡くなっていて、うち12人は地雷による被害者です。25人亡くなるというのはもちろん大変なことですが、普通はこれを「虐殺」とは呼ばないし、侵略を正当化するものでもないでしょう。

また、ロシアが招集した生物兵器禁止条約締結国会議で、全加盟国から同意を得られずに反発するという一幕もありました。これらの例を見ても、我々西側諸国から見ると明らかにうまくいっていないんです。でも、もしかしたら、ロシアははじめから先進諸国を相手にしていない可能性はあります。ウクライナに侵攻する際、どうやっても西側諸国とは対立するのだから、ロシアの主張を信じやすい国々をターゲットにしていた可能性は少ないながらもあります。

スパイのプーチン、コメディアンのゼレンスキー

――今回のウクライナ侵攻に関して言えば、ウクライナのゼレンスキー大統領のＳＮＳの利用の仕方が上手すぎて、逆にその点も警戒しないといけないと考えています。

小泉　ロシア語がわかる人には、ゼレンスキーの振る舞いは演技がかって見えてしまうようです。ゼレンスキーもそれには自覚的で、そういう人たちを端から相手にはしてい

ない。国際社会の6〜7割の支持を得られれば良いと思っているのでしょう。

小宮山　ゼレンスキーは元役者ですよね。脚本家や演出家のような役割の側近がいるんですか？

小泉　現在、側近がそうしたことをしているかどうかわかりません。元々ゼレンスキーはコメディアンであると同時に、クバルタル95という芸能プロダクションの社長でもあるんです。コメディアンとして成功した資金を元にプロダクションを設立したという経緯があります。彼が設立したプロダクションの人間が大統領府に多数登用されています。ですから、大統領府自体が、半ば彼のプロダクションとして機能している面もありますね。

桒原　そうですね。小泉さんの仰る通り、ゼレンスキーは、自らの俳優時代の知り合いの映画プロデューサーを大統領府の長官に起用するなど、彼自身を含め政治家としては異例のキャリアの人間を側近として固めているんです。そういう面に着目したプーチンにとって、ゼレンスキー自身、そしてゼレンスキー政権は政治家としては素人に映り、リーダーとしても脆弱だろうと考えたのではないでしょうか。だからこそ、簡単にキーウ（キエフ）を陥落させることができると踏んだのでしょう。

小泉　そこがプーチンの読み違えなんですよ。ゼレンスキーからすれば、キーウに踏みとどまり、戦う意志を示したことは役者だからできたと言える。もし、ウクライナ軍がキーウの国際空港の防衛に失敗し、ロシア軍に攻め込まれた場合、ゼレンスキーは殺害されるか、逮捕された可能性が高い。一世一代の大芝居をうったと考えられます。

その下地はゼレンスキーが、コメディアンの時に『国民の僕』というドラマで主役を務め、理想の大統領を演じたことに端を発します。その後、実際に大統領選に出馬し、大統領になった。でも、当初は政権運営が順風満帆だったとは言い難い。またゼレンスキーは割に権力欲も強くて、自分に批判的なメディアに圧力をかけたりと決して理想のヒーローではありませんでした。ところがロシアが侵攻してきて国家滅亡の危機となった時に、彼はもう一度、ドラマのような理想の大統領を演じることになったのだと思います。つまりは、有事の際に国民や国際社会が望む理想の大統領を、ですね。ゼレンスキーはこれをとてもうまくやった。

桒原　もし自らの身に重大な危険が迫ったとしても世界からは英雄視され、「ヒーロー」として歴史に名を残すこともできますね。

小泉　２０２２年８月『ゼレンスキーの素顔』（セルヒー・ルデンコ著、ＰＨＰ研究所）という書籍が翻訳されました。ウクライナのジャーナリストが書いた本なのですが、内容を見ていくと、「困った人物をウクライナ国民は大統領に選んでしまった。ただし、戦時の大統領なんだから頑張れ」という、激励半分、批判半分といった具合です。

このようにゼレンスキーが役者としてうまく立ち回っているのに対し、プーチンは元KGBとして徹頭徹尾スパイとして振る舞っていると言えます。本心を決して見せず、さまざまなディスインフォメーションを流布し、高圧的な発言をしたり、核の脅しさえかける。そうしたスパイ的な振る舞いが功を奏することもあれば、今回のように失敗に終わることもある。事実、ゼレンスキーは国際社会の心をがっちりとつかんでいます。ロシア・ウクライナ戦争の両国のトップの態度は、スパイ対コメディアンという見立てもできる。結果的に、今回はコメディアンの判定勝ちになっていると言えるでしょう。

米国政府と大手メディアによるアジェンダセッティング

――そうしたゼレンスキーのネガティブな側面は、メディアで見ることがありま

せん。

桒原　ゼレンスキーの発信力は、西側諸国、特に米国政府やメディアが作り出す情報環境もかなりの程度後押ししています。日本のメディアは、米国のメディア、特にCNNやニューヨーク・タイムズが作り出すアジェンダセッティングに乗っている。つまり、「ロシアは悪、ウクライナは善」という二項対立でわかりやすいストーリーですね。そうなると、当然、日本をはじめさまざまなメディアは、ゼレンスキーのネガティブな側面を報道しなくなるわけです。そうしたメディアの報道もまた、世論形成の一要因となる。

小泉　ロシアが侵略を仕掛けた側なので、世論がウクライナに同情的になるのはわかります。「ロシアは悪、ウクライナは善」という二項対立を鵜呑みにしてはいけないかもしれないけれども、やはり公然たる侵略を行なったロシアが悪いということははっきりさせておく必要があるでしょう。

ただ、そうした事情を加味しても、今桒原さんが仰ったように、実は我々のアジェンダセッティング自体も米国が作り出したナラティブに無自覚に乗っている部分がある。今回、その点について米国はかなり意識的に行っている。

ワシントン・ポストの報道によると、ロシアがおそらくウクライナに侵攻するというレポートが２０２１年10月の時点でバイデン大統領のもとに届いていたようです。同時期に、米国政府はすぐにタイガーチームを結成します。これは、有事の際の緊急プランづくりから、何の情報をどの程度マスコミに流すかまでを担当するウクライナ問題対応チームのようなもので、特にワシントン・ポストとニューヨーク・タイムズが２大チャンネルになっているように見えますね。

桒原　本来のマスメディアの役割からすれば、『ゼレンスキーの素顔』に登場するようなネガティブな側面も報道するべきなのかもしれない。そもそも、欧米の大手メディアはロシアのウクライナ侵攻前にはゼレンスキー批判、ゼレンスキー政権下のウクライナの政治問題などについて批判的な報道もしてきていた。しかし、ひとたび戦争が始まると、そうした報道はされなくなった。メディア研究では、ここで言う大手メディアの報道は、二項対立のわかりやすいストーリーでないと視聴者がついてこないという考え方があるんですね。

もう一つ、小泉さんが仰った話で言えば、「メディア間のアジェンダセッター」の問題も持ち上がります。つまり、ニューヨーク・タイムズ、ＣＮＮなどの大手メディアがこれにあたり、そうしたアジェンダセッター（ニュースのアジェンダ設定を行う報道機関）が報じたニュースを地方紙も同じように報じるという構図です。それが米国国内だけでなく、日本のメディアの報道にも影響している。

しかし、そうした大手メディアが真実のみを報道しているかと問われれば疑問符がつく。そうした意味では独立系メディアの果たす役割も重要ですが、例えばゼレンスキーやウクライナに批判的な独立系メディアの報道は、シャドー・バンされるようになったので、なかなか目にすることがない。

小泉　そこで難しいのは、例えばウクライナを相対化してみましょう、米国の報道を検証してみましょうとなった時に、一歩間違えると陰謀論に利用されてしまうわけです。つまり「この戦争は、バイデンが裏から手を回し、ウクライナをけしかけて始めた戦争だ」といったように。そうなると、今度はロシアの情報がすべて正しいという方向になってしまう。公平な目で見てみようとすると、結果的に偏った議論に与してしまう危険性があります。その見せ方が極めて難しい。

ファクトチェックでも遅れをとる日本

――そこでファクトチェックという仕組みが諸外国では段々と目立つようになるわけですね。

桒原　米国のデューク大学ジャーナリズム研究センター The Reporters Lab に登録されている日本のファクトチェック団体は、現状、「FactCheck Initiative Japan（ＦＩＪ）」「毎日新聞」「InFact（インファクト）」の３つにとどまります。隣国の韓国は、コロナ禍でも増えていて、現在13団体あります。日本の総人口の半分以下であるにもかかわらずです。台湾もファクトチェック団体を抱えていて、ファクトチェックが市民の間にも浸透してきています。しかし、日本ではファクトチェック団体はおろか、ファクトチェック自体の重要性があまり知られていない。こうした実情に鑑みても、日本のディスインフォメーションに対する危機意識の低さを感じます。

小泉　まず資金がないのもあるでしょうね。働いている方々も専従者ではないので、ファクトチェック自体の質も下がります。

桒原　欧米のファクトチェック機関は、NGOが担う場合や、大手メディアが取り組む場合があります。やはり、予算があり、活動を滞りなく行えるのは大きいですね。

小泉　どのトピックをファクトチェックするのか――。ファクトチェックすること自体が一種の権力となり得る。そう考えると、複数の機関があり、なおかつ互いにチェックし合うことで機能すると思います。

テックジャイアントによる言論統制？

――大手メディアの他にも、現在ですとGAFAなどの大手IT企業が正しくないとされている検索結果を上位に表示しないようにしており、事実上の検閲を行っています。

桒原　小宮山さんの章で、非常に共感したことがあります。私の現在の最大の関心事は、ディスインフォメーション対策は民主主義国家では不可能なのかということです。民主的な制度とサイバー空間の組み合わせは実は悪いのではないか——。そのことを小宮山さんの章を通じて再認識しました。

なぜなら、民主主義国家がディスインフォメーション対策をしようとすると、一歩間違えれば情報統制や表現の自由を侵害することになるからです。報道の自由も当然なくなってしまう。そうなると、もはや民主主義国家のやり方ではなく、権威主義的対策になってしまうのです。

民主主義が確実に保証されながら、サイバー空間でのディスインフォメーション・キャンペーンの被害を最小限に留める対策が必要ではないかと思います。小宮山さんの章で、パーラー（Twitterによく似たプラットフォーム。過激な言説も許容する）の台頭の話が出てきましたが、特にＧＡＦＡなどは親トランプ派の主張やＱアノンなどの陰謀論を自らのサービスから排除している。そこに登場したのがイーロン・マスクで、これまでのTwitterは健全な民主主義を提供する場ではなく、Twitterを買収し言論の自由が担保される環境に変えるのだ、と。これが真にうまくいくのかは不透明ですが、今後も、そういった新しい言論空間が生まれたり、衰退したりを繰り返していくのかなと感じています。

小泉　私もそう思いますね。今我々はなんだかんだ言っても、インターネット上の言論空間の中でしか生きていけない。そうではあるけれども、インターネット上の言論空間で、民主的な価値を担保する仕組みはまだないんです。必要であるにもかかわらず、誰からも統制されないアンビバレントな状態だと思います。ディスインフォメーションは、そのバグを見事についたものだと感じます。でも、先ほど栗原さんが指摘された中核的な価値をどう担保するか、という点については正解がなく、その方法について我々は考えていかないといけない。小宮山さんはどうお考えですか？

小宮山　サイバー空間が民主主義を侵す、民主主義とかみ合わせが悪い、という主張は、これまでも政治学者の宇野重規やジョセフ・ナイ、法学者のジャック・ゴールドスミスらが主張している比較的新しい問題提起です。民主主義をいかに守っていくかを考えた時、やはり現状のシステムは構造上民主主義と相性が悪いので、そのシステムを変えていかなければばらない。30年後くらいにはそうしたシステムが登場するかもしれません。今で言えば仮想通貨がそれに近いのかもしれない。

小泉　小宮山さんの結論としては、「サイバー時代の民主主義の敵は、権威主義国家とテックジャイアント」でしたっけ？

小宮山　そうです。

小泉　権威主義国家は当然として、テックジャイアントとはどこかで妥協しないとなりませんね。

桒原　例えば私たちがスマートフォンでアプリをインストールしようとしますね。私たちが家族や友人と連絡を取るために必要な基本的アプリは、GoogleのGoogle PlayやAppleのApp Storeからでないとダウンロードすることは困難です。また、テックジャイアントの提供するサービスで何かを検索しても、私たちの個人情報や趣味嗜好が把握されていることがわかりますよね。広告もどこまでも追いかけてくる。そうした構造に異を唱えるように、ユーザーのプライバシー保護し、利用履歴を保存しない、パーソナライズを行わない、トラッキングしないことが理念に掲げられた検索エンジンも登場しています。こうした検索エンジンは、ウェブトラッカーからユーザーを保護し、広告もブロックするので、私たちの個人情報を保護してくれます。メッセージングアプリなんかもそうですね。ユーザーは電話番号やメールアドレスを登録せずに利用でき、メッセージの内容も強力に暗号化されるものも登場しています。ジャーナリズムにおいては、重大な情報を提供する人を保護するために、リークの際にこうしたアプリの使用を推奨しているメディアもあるんです。現在の情報環境に異を唱える人たちは絶えず存在します。将来、おそらくそうした検索エンジンやアプリなどの需要は増えていくのではないかと思います。

――現状でもテックジャイアントが検索上位に、グレーな情報を表示しないなどが行われています。それにより零細な出版社などがウェブメディアを展開しても経営不振に陥る例も少なくありません。一民間企業であるプラットフォーマーが自分たちの思想に沿わない情報を排除しているのは、まるで言論統制のようで非常に危機感を抱いています。

桒原　プラットフォーマーがすべての基準を決めていますね。米国ならば、いわゆるリベラルな思想や民主党寄りの意見は守られ、親トランプ派や極右の過激な意見は排除されやすい状況です。

小宮山　私は、サイバー空間が健全に保たれるためには、グレーゾーンの情報を増やし、受け手に「ネットにある情報は玉石混交だ」ということを常に意識させることが重要ではないかと思いますね。そういった意味で今の社会では虚構新聞のようなメディアは非常に重要な役割を果たしていると思います。中には、虚構新聞にかかれている記事を真実だと思い憤ってしまう人がいる。やはり、新聞のような見た目と記事であっても真実でないのかもしれないと疑う眼を養っていただきたいですね。

一方、Google側の意図も理解できます。とんでもない記事が検索上位にきては困るということはわかるんですよ。でも、グレーゾーンの記事を楽しむくらい余裕のある社会であってほしいとも思うのです。

小泉　やはり、「無菌状態」だとちょっとしたウイルスにも感染することがあるじゃないですか。今試しにGoogleで「ロシア　核兵器」と検索してみると、以前よりもまともな情報が検索の上位に表示されるようになっています。以前ならば、真偽のわからない情報が検索上位を占めていたんですけどね。玉石混交の情報に触れながら、騙されてしまう失敗を重ねていくことが大事かなと思いますね。

台湾有事で何が起きるのか

――中国が台湾に攻め込む「台湾有事」が盛んに取り沙汰されています。ロシアの例や、中国が米国で仕掛けているパブリック・ディプロマシーの例を見ると、台湾有事が起きる際に、中国は日本に対してもディスインフォメーションを仕掛けてくることが予想されます。

小宮山　つい先日、台湾のＩＴ技術者と同じ会議に出席したのですが、１年前と比べて明らかに彼らの空気感が変わっていたんです。台湾の中でもかなりリベラルと思われる人たちが、「明日、戦争が勃発するのではないか」というほどの雰囲気でした。

サイバーインフラに関して言うと、台湾の北と南のごく限られた場所に、台湾と世界を繋ぐ海底ケーブルが陸揚げされています。また、台湾の西側の真ん中あたりにはGoogleを含めた大型のデータセンターが存在しています。サイバー空間をめぐる攻防という視点から考えると、台湾が守らなければいけない物理的なインフラは、特定の箇所に集中しているのです。ですから中国がそういう箇所にピンポイントで攻撃を行うと、台湾でインターネットが繋がりにくくなる可能性は大きいです。そうなると、現在のウクライナのように市民が、ＳＮＳ等を通じて世界に何が起きているのか発信するのが難しくなります。

桒原　日本に関して言えば、南西諸島を含む海空域が戦場になることが予想されます。仮に台湾有事が起きた場合、沖縄などの離島で何が起きているか、果たして日本がウクライナと同じように世界へ発信できるのかは、私も疑問です。ます、メディアが物理的にアクセスしにくい。有事であればなおさらです。そうなると何が真実で、何がディスインフォメーションやミスインフォメーションなのかが人々に伝わりにくくなります。

日本に対して拡散されるディスインフォメーションに関して言えば、段階があると考えられます。大前提として、中国は日本に介入してほしくない。そのために、まず、日本の世論の厭戦機運を高めるための情報が流れるとも考えられます。そこでターゲットになりうるのが米軍であり、日本国民の在沖米軍への不信感を煽り、信頼を貶めるようなディスインフォメーションが流布する可能性も排除できないでしょう。例えば、ディープフェイクなどの技術を利用した写真や動画がＳＮＳに流れることも考えられます。そうして、日本政府に対する国民の信頼を損ね、徐々に世論の分断を図る、というプロセスです。もともと、中国のパブリック・ディプロマシーを含めた日本に対する働きかけでは、日米離反が戦略の大きな柱の一つとされます。２０２１年に駐大阪中国総領事に就任した薛剣総領事は、自身の公式Twitterでもさかんに米国批判を日本語でツイートしています。総領事が代わってから同総領事館の公式Twitterでは戦狼外交要素が強いツイートが増えました。耳目を集めたもののひとつに、米国のホワイトハウスへ向けて、新型コロナウイルスの発生源は米国に責任があると皮肉った日本語でのツイートがあります。日本のツイッターユーザーからは、米国批判ならば英語でツイートすればよい、とか、ホワイトハウスに直接言ってくれという意見など、そのツイートの内容に対し批判的なコメントが多く、結果、同総領事館にとって効果的な発信だったとは言えない側面もありますが、それでも彼らはこうしたツイートを続けているわけです。なぜか。それは、米国に対する日本の不信感を募らせたいからでしょう。日米離反を狙っているわけです。

また、公安調査庁が２０１７年版『内外情勢の回顧と展望』の中でも指摘したとおり、琉球独立を掲げる沖縄の団体に中国の大学やシンクタンクが接近を図っているのではないかと指摘する声も聞かれます。そうした平時の影響工作から、グレーゾーン事態、有事と段階にわけてディスインフォメーションも変わってくるのではないかと考えられますね。

小宮山　私個人の関心は、言論空間で何が語られるかよりももっと下のレベル、つまりサイバー空間がどう繋がっているかにあります。なぜならば、ある地域を支配する際には、通信インフラを掌握し、情報の流れを部分的にでも把握する必要があるからです。２０１４年、ロシアがクリミア半島、そして東部二州のドンバス地方に侵攻した際には、キーウからポーランドなどを通じて、インターネットに接続していたのですが、侵攻後はモスクワを経由するようになりました。少なくともモスクワは情報の流れの重要性を正確に理解しています。これは目新しい考え方ではなく、古くは米西戦争の時代に米国がスペインとその植民地を結ぶ海底ケーブルを破壊し、スペインとの戦いを優位に進めました。旧日本軍は日露戦争開戦時に、現在の中国付近での日本の艦隊の動きをロシアに悟られまいと、北京とロシアを結ぶケーブルを破壊しました。

小泉　小宮山さんの章を読んでいただくとわかりやすいと思うのですが、情報空間だ、サイバー空間だ、と言ってもやはり人工的に作られた空間なんですね。人間が意識して維持しないと存在しない空間です。ロシアがクリミア半島に攻め込んだ時は、特殊部隊「セネーシュ」がインターネットサービスプロバイダーやマスコミを占拠しに行った。物理的な手段を取ったわけです。現在、スターリンク（イーロン・マスク率いるスペースX社が提供する人工衛星を用いたインターネットサービス）はウクライナに無償供与されていますが、小宮山さんから見てどうなのでしょうか？

小宮山　スターリンクは一つのゲームチェンジャーですね。ケーブルを必要としませんから。ただ、今のスターリンクは2800個の人工衛星を使用していますが、統治に必要なだけの通信量をさばくにはまだ足りません。もっと人工衛星の能力が高まれば海底ケーブルについては忘れてもよくなるかもしれませんが、それが近い将来実現する可能性は低いです。

小泉　今のお話をうかがっていて思ったのは、もはやサイバー戦や情報戦などと分ける必要はないのかもしれないということです。もし自分がロシアや中国の参謀本部の立場だとして、国家間の紛争を考えた時、さまざまな手段からどれを組み合わせるかを考えます。ロシアの心理戦部隊にいたイーゴリ・ポポフとムーサー・ハムザトフが書いた『未来の戦争』（邦訳なし）という本があります。内容としては、先ほど桒原さんが指摘した

ように、まずは平時、グレーゾーン、戦時にわかれ、それぞれに合わせてさまざま手段を行使すると書かれています。ただ、平時も戦時も続いていくものとして、疑似国家主体と非国家主体による工作活動という認識なんです。事態が緊迫化するに従い、烈度が高い、国家的な手段が投入されるというモデルを提唱しています。

先ほど、桒原さんが開戦前に、沖縄を台湾有事に巻き込む場合、米軍の信頼を毀損する情報戦を仕掛けると仰いましたが、おそらくそうなるのではないでしょうか。そうして実際の戦闘が起きた場合には、日本国民が動揺するようなプロパガンダを仕掛けてくることが予想されます。私が本書で書いた「行いによるプロパガンダ」です。政府の信頼を貶めるような情報を流すだけでなく、自国の政府は本当にダメなのかもしれないと思わせるようなものです。例えば、公務員が仕事をしなくなる。小さな暴力が社会に蔓延する。これまで当たり前に手に入っていた物資が手に入らなくなる――。それらは情報空間やサイバー空間とも関係はないけれども、プロパガンダであるという考え方です。

究極的には、沖縄の沖合で核爆発を引き起こし、嘉手納基地を米軍が使用する限り脅しをかける。言葉の上での情報戦から、最終的には核爆発によるシグナリングまで、ひと繋がりの情報戦のエスカレーションラダーがあるのではないかと。

小宮山　それはこれまで聞いた情報戦の中で、一番範囲が広いかもしれないですね。

小泉　でもありえない話ではないと思うんです。だから、イージス・アショア計画を断念せずに、西日本、例えば山口県周辺の日本海に配備すればよかった。そうすれば、24時間体制で単発の核の脅威を防げたかもしれない。

桒原　それは抑止効果としてですか？

小泉　そうです。抑止効果だから、単発もしくは少数の威嚇的攻撃にしか効果はないかもしれません。でも、北朝鮮に対しても同じような効果を狙えるので、配備したほうがよかったのではないかと思うんですよ。

桒原　先ほどの小泉さんのお話にあったように、SNS時代において、経済や社会を混乱させるために一番大きな役割を果たすのが、やはりディスインフォメーションだと思うんですね。2014年のロシアによるウクライナ侵攻で、情報戦によって生み出された言説やストーリーが一定程度広まった。そうした危機が訪れた際に、人間は普段なら信じないような情報を容易に信じてしまう心理が働きます。そう考えると、社会や経済を混乱に陥れることは、ディスインフォメーションがさらに速く、広範囲に拡散されやすい環境を構築するということにもなります。例えば、ATMから現金が引き出せなくなる、物資が手に入らなくなるといった類の混乱ですね。状況が少し異なりますが、日本がコロナ禍に突入した２０２０年には、東京がすぐにでもロックダウンするという情報が3月末頃に広まった。

小泉　そういうことをしたり顔で言う人がいましたね。

桒原　そもそも日本にはロックダウンに関する法律がないにもかかわらず、そうした情報が信じられてしまったのは、先ほど申し上げたように、デマやディスインフォメーションは、危機の際により信じられやすく、より広範囲に拡散されるものだからとの解釈ができます。有事の際は、いわゆる災害デマどころでは済まないかもしれません。

ディスインフォメーションに踊らされないように我々が取り組むべきこと

――そもそもロックダウン自体が法的に定められていない日本で、そうした情報が広まってしまったのは大きいですよね。そこで、我々、一人ひとりがディスインフォメーションに踊らされないように普段から取り組むべきことはありますか？

小泉　今の子どもや若者はあまりテレビを観ません。YouTubeやTik Tokばかり観ている。子どもたちは、YouTubeやTik Tokなどがすべてつながるインターネットという情報空間があると思っていないんですよ。また、Instagramを観ている人たちはTwitterで起きているような言論バトルは気にしていない。そうなるとGoogleで検索上位に来るか、下位に来るかなんてまったく気にならないと思うんですよね。ただ、世代や観ている情報空間によって、死活的なナラティブの決定権があると思います。現在、政府が発信している情報自体が国民に届いていない。やはり、オーディエンスがいる情報空間に政府のチャンネルをしっかりと置く必要があるのではないでしょうか。

桒原　私は大きく分けて二つ対策があると考えています。一つは、小泉さんが仰ったように、政府の発信力をかなりの程度高めていくこと。それには、各府省庁が、あらゆる世代に届くようにさまざまな情報発信の手段を持ち、即時に対応することが重要です。どの府省庁が対応すべきかを指揮統括する組織も必要ですね。

もう一つは、最近一緒に仕事をした台湾のシンクタンクの事例が参考になると思うんです。そのシンクタンクは、ディスインフォメーションを研究している団体で、メンバーの平均年齢が非常に若い。実際のディスインフォメーションを分析して、アウトプットをするのは日本や欧米のシンクタンクと同様に行っています。刊行物を出したり、シンポジウムやセミナーを開いたりですね。ここまではよくあるシンクタンクの取り組みと変わりません。しかしそのシンクタンクは、より行動的なんです。研究員が地域の小中学校に出向き、どうすればフェイクニュースを見極められるのかといったメディアリテラシー教育を行っています。それは新しいシンクタンクの形だとも思います。台湾は、常に中国からの認知戦、情報戦の脅威に晒されているからこそ、若い世代から情報の真偽を見極める能力を身につけることが重要だと考えられています。よりSNSを使用する若い世代がリテラシーを養っていることは、ディスインフォメーションに対する一番のレジリエンスになり得ると思いますね。

小宮山　私の本職であるサイバーセキュリティの観点から考えると、毎日同じものを見続けることが重要ですね。どんな新聞でもよいので、一つの新聞を毎日読み続ける。そうすることで、記事のトーンが変化したりといったことに気づいたり、世の中の変化が見えてくると思うんです。そうした観察力は毎日同じものを読み続けることでしか養えない。見破ることができる能力がある人は、サイバーセキュリティの技術者として優秀ですし、一流になる可能性を秘めています。

２０２２年10月27日　小泉さんの研究室にて

構成／本多カツヒロ　撮影／伊藤智哉

おわりに

情報空間が「第6の戦場」であると言われるようになって久しい。陸上において始まった戦争の歴史は、テクノロジーの進歩によって海へ、空へ、宇宙へと拡大し、21世紀にはこれがサイバー空間にまで広がっていったが、今や我々の頭の中さえ例外ではないということである。

こうした新しい時代の闘争（戦争とは限らない）をどのように理解し、備えるべきなのか――本書を執筆した3人の問題意識は、この点に集約されよう。本書の中で見てきたように、そこで繰り広げられる闘争ははっきりとした終わりも始まりも持たないし、戦闘員と非戦闘員の区別も曖昧だからである。言い換えるならば、サイバー戦や情報戦は私たちの日常生活の中で、私たち自身を戦闘員兼標的として繰り広げられているのであって、そこには独自の文法のようなものが存在する。

そこで本書は、情報戦の持つ一般的な特性（第1章）から始まって、諸外国がこれをいかに駆使しているのか（第2～4章）を見ていくという構成をとった。ここで明らかになったように、情報戦とは何かエキゾチックな、あるいはSF的なものではなく、もはや私たちの生活の一部と癒着した現象となっている。その標的は私たち自身であり、しかも日々何気なく行っている「いいね」やリツイートは情報戦に加担する行為でもある。

ただ、これも本書の中で繰り返し述べてきたように、情報戦は決して万能のものではない。情報が人々の認識を180度逆転させることは稀であるし、発信者がその影響を完全にコントロールできるわけでもない。大砲にも核兵器にもそれぞれの特性があるのと同様、「情報兵器」にも独自の利点と弱点が存在するのであって、まずはこの点を抑えないことには対策もままならないだろう。

また、情報空間は、自然現象のように独立して存在しているわけではない。それが人類の作り出した人工空間である以上、情報空間や、その中で繰り広げられる闘争のありようは、かなりの程度、私たち自身の影響を受けるということである。つまり、情報空間は「第5の戦場」と呼ばれるサイバー空間の管理や活用の仕方と密接な関係を持っているのであって、第5、6章ではこの点を中心に考察を展開した。

これらを踏まえた上で、終章では、日本の情報安全保障がどのようにあるべきかを論じた。従来、情報戦が日本にとって比較的縁遠いものであったのは、日本語が専ら日本でだけ用いられてきたという条件によるところが大きい。しかし、テクノロジーの発達はこのような言語障壁を既に掘り崩しつつあり、今後の戦争や危機においては日本も激しい情報戦の波に晒されることを覚悟しておかねばならないだろう。

他方で、情報はただ管理・統制すればよい、というものでもない。言論が自由であるということは私たちの社会が守り育ててきた核心的な価値観——法の支配、自由、民主主義などと不可分のものであって、これを忘れれば情報安全保障は単なる言論統制に堕すだろう。

まとめるならば、情報安全保障について真剣に考えるということは、我々が何を守るのかという本質的な問いそのものということになるのではないか。情報戦の標的でもあり、また主体でもある日本人一人ひとりがこの点について考えるきっかけに本書がなるならば、著者一同としてこれに勝る喜びはない。

なお、本書の出版企画は、ウェッジ社の木村麻衣子さんの発案によって始まり、同氏の粘り強い助力によって実現に漕ぎ着けた。それぞれの著者が日々の業務や研究に忙殺される中、「情報戦についての知識と考え方を日本社会に根付かせよう」という彼女の強い意志なくしては本書が世に出ることはなかったはずである。著者一同を代表してここにお礼を申し上げたい。

また、本書の刊行に先立つ3年間、筆者らは、東京大学先端科学技術研究センターが外務省の外交・安全保障調査研究事業費補助金を受けて実施してきた「体制間競争の時代における日本の選択肢」のメンバーとして情報安全保障についての議論を重ねてきた。まとまった時間と資金の下で中長期的な視野に立つ研究を行えたことは、まさに本書の基礎を成すものであり、この点についても特筆しておくべきであろう。研究に参加してくださった委員の皆様も含め、この研究プロジェクトに関わったすべての方々に篤く感謝の言葉を申し上げる次第である。

２０２２年12月

小泉悠

【著者略歴】

小泉悠(こいずみ・ゆう)

東京大学先端科学技術研究センター講師。専門はロシアの軍事・安全保障政策。早稲田大学大学院政治学研究科(修士課程)修了後、民間企業勤務、外務省国際情報統括官組織専門分析員、公益財団法人未来工学研究所研究員、東京大学先端科学技術研究センター特任助教などを経て2022年から現職。主著に『ウクライナ戦争』(筑摩書房)、『現代ロシアの軍事戦略』(筑摩書房)、『「帝国」ロシアの地政学』(東京堂出版)などがある。

桒原響子(くわはら・きょうこ)

日本国際問題研究所研究員。大阪大学大学院国際公共政策研究科修士課程修了(国際公共政策)。外務省大臣官房戦略的対外発信拠点室外務事務官、未来工学研究所研究員などを経て、現職。京都大学レジリエンス実践ユニット特任助教などを兼務。2022〜2023年は、マクドナルド・ローリエ・インスティテュート客員研究員としてオタワで活動するとともに、米国シュミット財団(Schmidt Futures)2023 The International Strategy Forumフェローとしても活動。著書に、『なぜ日本の「正しさ」は世界に伝わらないのか:日中韓 熾烈なイメージ戦』(ウェッジ)、『AFTER SHARP POWER:米中新冷戦の幕開け』(共著、東洋経済新報社)。

小宮山功一朗(こみやま・こういちろう)

一般社団法人JPCERTコーディネーションセンターで国際部部長として、サイバーセキュリティインシデントへの対応業務にあたる。慶應義塾大学SFC研究所上席所員を兼任。FIRST.Org理事、サイバースペースの安定性に関するグローバル委員会のワーキンググループ副チェアなどを歴任した。博士(政策・メディア)。

偽情報戦争
あなたの頭の中で起こる戦い

2023年1月20日　第1刷発行
2023年1月27日　第2刷発行

著　者　小泉 悠　桒原響子　小宮山功一朗

発行者　江尻 良

発行所　株式会社ウェッジ
〒101-0052 東京都千代田区神田小川町1丁目3番地1
NBF小川町ビルディング3階
電話03-5280-0528　FAX03-5217-2661
https://www.wedge.co.jp/　振替00160-2-410636

装丁・本文デザイン　秦 浩司

印刷・製本　株式会社暁印刷

日本音楽著作権協会(出)許諾第2209099-302号

※定価はカバーに表示してあります。
※乱丁本・落丁本は小社にてお取り替えいたします。

ISBN978-4-86310-259-0　C0031